U0181081

冯朝胜　王　蔺◎主编

在网上筑一个安全的窝

计算机病毒就是编写病毒的人在计算机的程序中写了一段可以搞破坏的代码……

到底什么是计算机病毒呢?

科学出版社

北京

内 容 简 介

　　网络空间安全不仅影响着国家安全，也影响着每个人的切身利益。本书围绕网络空间安全展开，以对话和故事的形式，形象生动地讲解了与个人利益息息相关的网络空间安全问题。全书共十九章，可大致分为网络攻击和网络防护两个部分。第一章为导入，以安安、全全到网络世界探险为线索展开对网络空间安全知识的讲解。第二章到第十三章为网络攻击部分，从系统安全、数据安全和通信安全角度讲述普通用户面临的主要安全威胁和攻击；以"遭遇攻击—揭示本质—阐述概念与原理"为结构，重点分析网络攻击的特点、途径和带来的危害，并给出防范方法。第十四章到第十八章为网络防护部分，按照从网络到终端、从外到内的顺序给出主要防护方法，包括防火墙、入侵检测、身份认证、访问控制和安全审计。第十九章作为全书的总结，给出一个安全的网络空间框架。主要章节后面的"知识加油站"给出了更加严谨正确的概念，顺口溜式的"速记口诀"方便记忆和理解，而"通关考验"增强了互动性。

　　作为一本科普读物，本书主要面向中小学生，也可作为非网络安全专业人士了解网络安全知识的入门读物。

图书在版编目（CIP）数据

　　在网上筑一个安全的窝 / 冯朝胜，王蔺主编. — 北京 ：科学出版社，2022.1

　　ISBN 978-7-03-069398-3

　　Ⅰ. ①在… Ⅱ. ①冯… ②王… Ⅲ. ①计算机网络－网络安全
Ⅳ. ①TP393.08

　　中国版本图书馆CIP数据核字（2021）第143289号

责任编辑：郑述方 / 责任校对：彭 映
责任印制：罗 科 / 封面设计：吴 爽

科学出版社 出版

北京东黄城根北街16号
邮政编码：100717
http://www.sciencep.com

成都锦瑞印刷有限责任公司 印刷

科学出版社发行 各地新华书店经销

*

2022年1月第 一 版 开本：787×1092 1 / 16
2022年1月第一次印刷 印张：7
字数：166 000

定价：49.00元
（如有印装质量问题，我社负责调换）

《在网上筑一个安全的窝》
编 委 会

按姓名汉语拼音排序：

冯朝胜　郭　真　晋云霞　康　萍　李　航　李　敏　刘　彬　刘　霞

刘帅南　陆丽玲　罗王平　缪俊敏　税　袁　唐　铃　王　蔺　王　希

王谨荣　王馨族　王昭鑫　向世林　杨　军　杨贺昆　袁　丁　赵开强

郑述方　周　珊　朱贵琼　邹莉萍

QIANYAN 前言

现在，世界已经进入一个"无网络、非生活"的时代。互联网，作为信息时代的核心和支撑，遍布全球地存储着近乎"无限"的数字资源。我们只需动动手指，所需要的信息和数据就能迅速出现在我们面前。坐在家里，对着"虚拟穿衣镜"，就能在网上买到称心如意的"衣"；不想做饭，网上下单，几分钟内就能收到美味可口的"食"；实地看房，劳神费力太辛苦，通过虚拟看房，轻轻松松就能找到满意的"住"；开车太累，停车太难，通过网约车就能随时畅快"行"。"只有想不到，没有做不到"在今天已由梦想变成现实。

然而，互联网虽好，但绝非"世外桃源"，层出不穷发生的网络攻击给国家、单位和个人带来巨大损失，躲在暗处的恶意程序和黑客无时无刻不威胁着每个用户的财产安全甚至人身安全。"苍蝇不叮无缝蛋"，系统或应用程序自身存在安全漏洞是网络攻击容易发生的内因和首要原因，而包括安全意识和安全防护手段在内的网络安全知识的缺失，是攻击事件频发的外因。安全意识的缺失，让用户将自己的个人隐私和敏感信息拱手示人，甚至将恶意程序请回到网上的"家"，而用户对防护知识的缺乏使得安全形势"雪上加霜"。

为解决非专业人士特别是中小学生缺乏网络空间安全知识的问题，特撰写本科普读物。本读物力图通过分析攻击特点、阐述攻击或传播原理和指出危害性，增强中小学生的网络安全意识和培养其良好的网络及终端设备使用习惯；通过介绍一些中小学生力所能及的防护方法，增强他们在网络空间的安全防护能力。帮助包括中小学生在内的读者"在网上筑一个安全的窝"，是本读物的撰写目标。

为方便读者理解，本科普读物的撰写采用了对话形式，以便尽可能在做到形象生动和浅显易懂的同时又不失严谨性。由于作者水平有限，本读物仍有许多不足，恳请学界前辈和同仁予以批评指正。

谨以此书献给关注网络空间安全的大小朋友。

冯朝胜

2020 年 7 月于成都

CONTENTS 目录

CONTENTS

安安、全全的网络历险记

　　安安是一位开朗活泼的少年，他特别喜欢电脑，对网络世界充满好奇。他喜欢用电脑和朋友聊天、看电影、听音乐、玩小游戏。在一次次体验中，他不仅收获了快乐，也遇到了诸多问题与挑战。

　　在学习和玩耍中，好朋友全全、老师和爸爸妈妈都为安安科普了许许多多网络知识。安安在收获知识的同时，也在神奇的网络世界里渡过了一个又一个难关。

　　在神秘惊险的网络世界里，安安赶走了让计算机"生病"的病毒，清理了悄悄入侵的木马，战胜了强行闯入的蠕虫，抵御了无孔不入的黑客，见识了保家卫国的红客，打败了形形色色的网络安全"妖魔"，保护了敏感信息，建立了属于自己的安全小窝，并通过"访问控制""身份认证""杀毒软件""个人防火墙"四层保护机制，为小窝筑起了坚固的城墙。危机四伏的网络世界已不复存在，在安全的小窝里安安将写下更多精彩故事。

　　跟随着安安、全全的历险，网络世界的大门已经打开……

病毒——离开你，我该怎么活？

　　周末到了，安安在家学习计算机知识，爸爸和妈妈在电视机前观看新闻。爸爸妈妈的对话引起了安安的注意，他走过去一听，原来爸爸妈妈在说新冠病毒的事情。妈妈说："一个小小的新冠病毒竟然给全球带来这么大的灾难，看来一定不能小看了它！"安安也气愤地说道："这病毒可真是太讨厌了，害了那么多可怜的人，让他们失去了宝贵的生命！"旁边的全全问安安："你知道吗？病毒可不仅仅会让人和动物生病，也会让我们使用的电脑病倒的。"安安疑惑道："电脑又不像人和动物一样有生命，哪里会有病毒去危害它呢？"爸爸听到后说道："你这么想那可就大错特错了哟，此病毒非彼病毒，计算机病毒可是真真切切存在的。在平时的学习中，我们知道现实世界中的病毒必须依赖于活细胞，并可以通过复制繁殖，但是它们一旦离开活细胞就活不下去了。既然都叫病毒，那么计算机病毒也有这样的特点，一旦计算机被病毒盯上了也会病倒的，但是计算机病毒离开了计算机就什么也做不了。"

　　安安更加云里雾里了，问："到底什么是计算机病毒呢？"

　　全全回答："计算机病毒就是编写病毒的人在计算机的程序中写了一段可以搞破坏的代码，它们不但能够影响计算机的使用，破坏计算机的功能和数据，还可以通过复制进行繁殖。"

听到这里，安安点了点头说："原来电脑病毒真的和现实世界中的病毒非常像呢！平时我们所熟知的病毒都有各种传播途径，计算机病毒应该也有它们的传播方式吧？"

全全回答道："你说得没错，计算机病毒也有很多传播途径！编写计算机病毒的目的就是让它们在计算机上复制并传播，也就是说，它们很容易在计算机之间传播。一般来说，只要是在可以交换数据的环境下就可以进行传播。你想想平时我们是怎么使用电脑交换数据的呢？"

安安回答道："我想一想，对了，我们平时会用 U 盘把一些学习资料存起来，方便使用。"

全全说："说得对，病毒进行传播的第一种方式就是通过移动存储设备。比如平时使用的 U 盘、光盘、移动硬盘和软盘等，这些都可以成为病毒传播途径。"

安安争着说："我又想到了，还会用邮件进行交流！"

全全竖起大拇指："安安真厉害，说得很好，第二种方式就是通过网络进行传播。安安你平时浏览网页啊，发送电子邮件啊，用 QQ 和小伙伴交流学习啊，虽然很方便，但是也给了计算机病毒可乘之机！再想想还有没有其他方式？"

安安摇了摇头说："还有什么方式呢？"

全全回答道："我们平时使用的电脑是不是有操作系统？我们是不是会下载一些电脑软件？计算机病毒也会利用系统和软件的弱点或漏洞，入侵我们的电脑。"

安安点了点头："这种方式，我的确没想到！"

安安接着问道："我们平时所熟知的病毒会让我们生病，严重的还会危及生命，电脑病毒会不会危害计算机的'健康'呢？"

全全回答道："计算机病毒的危害可有很多呢！首先，它们会损坏文件和数据，导致系统不能启动、文件无法打开或数据无法读出；其次，它们会通过消耗计算资源和存储空间，使计算机运行缓慢甚至崩溃；最后，它们会通过修改配置文件，导致计算机无法正常工作甚至因发热量过高而烧毁。总之，计算机病毒会让你的电脑变得'病恹恹'。"

安安赶紧问道："快给我说说有哪些可怕的病毒，让我看看它们有多么厉害！"

全全不紧不慢地说："历史上可是有很多危害性极大的计算机病毒哦。首先给你见识见识一个听名字就很可怕的病毒——'鬼影'病毒。它是一种引导型病毒，寄生在磁盘的主引导记录中。当它运行时，我们在进程和系统启动加载项中找不到任何异常，而且就算重装系统，也无法清除它！"

安安听了之后点了点头："'鬼影'病毒真的就像鬼影一样阴魂不散！"

全全接着说："再给你介绍一个名字有趣的病毒——'黑色星期五'病毒。"

安安一听，笑着说道："这个病毒不会是一到星期五就会发作吧？哈哈哈！"

全全说："还真的是这样哦，作为一种文件型病毒，它会在感染文件的时候留下类似于计时的代码，只要每个月十三号是星期五，这个病毒就会发作，发作时被感染的电脑就会黑屏，所以被称为'黑色星期五'病毒。"

全全接着说："最后再给你介绍一种宏病毒——1999 年的'梅丽莎（Melissa）'病毒。'梅丽莎'病毒是由一个叫做大卫·史密斯的人运用 Word 软件里的宏编写的一种电脑病毒，它通过电子邮件中的附件迅速传播，感染了 15% ～ 20% 的商业计算机。'梅丽莎'病毒邮件的标题通常为'这是你要的资料，不要给任何人看（Here is that document you asked for，don't show anybody else）'。如果你打开了这样的邮件，那么这个病毒就开始自我复制，并向你的通讯录中的前 50 个好友发送相同的邮件。该病毒不会破坏文件，但是因为它会让大量的邮件发出而形成特别大的邮件信息流，从而会导致邮件服务端程序停止运行。"

安安听了之后非常害怕："别说了，别说了，这也太可怕了，以后还怎么安全愉快地玩电脑呀？！"

全全安慰安安道："病毒虽然可怕，但是仍然有办法防治。做到下面这几点，我们就可以大大降低电脑感染病毒的概率。首先，我们要在电脑上安装可靠的杀毒软件并经常更新病毒库；其次，我们可不要随意安装一些来历不明的软件，也不要浏览不知晓安全性的网站，从网络中下载文件后要记得及时杀毒；最后，修改版的软件不要随意使用，如果不得不使用的话，为保证安全，一定要在使用前查杀病毒哟！"

在网上
筑一个安全的 窝

知识加油站

◉ 什么是计算机病毒

计算机病毒（computer virus），或称电脑病毒，是依附在正常文件上的通过自我复制进行传播的，旨在破坏计算机正常运行的一段程序代码。病毒破坏力很强，轻者使得计算机无法正常使用，重者直接损毁硬件。

◉ 计算机病毒的种类（根据病毒的破坏能力分类）

引导型病毒： 感染系统引导扇区，导致电脑无法正常启动。

文件型病毒： 感染可执行文件，常驻内存，导致文件不能使用。

宏 病 毒： 寄存在文档或模板的宏中，导致文档处理无法正常进行。

混合型病毒： 攻击方式为上面病毒攻击方式的组合。

◉ 计算机病毒的主要特征

隐蔽性，破坏性，传染性，寄生性，触发性。

◉ 速记口诀

寄生文件难发现，繁殖扩散靠交换；损坏软件毁硬件，病毒查杀最关键。

通关考验

同学们，快来闯关吧！通关后，你将获得一枚网安骑士勋章。（答案见下一章）

1. 计算机病毒的特点是（　　）

    A. 传播性、寄生性、易读性与隐蔽性　　　B. 破坏性、传播性、寄生性与安全性

    C. 传播性、寄生性、破坏性与隐蔽性　　　D. 传播性、寄生性、破坏性与易读性

2. 计算机病毒（　　）

    A. 可能传播到人身上导致人生病　　　B. 是人为制造的

    C. 都必须清除之后计算机才能使用　　　D. 都是人们无意中制造的

木马——是你请我来的

安安需要下载一个软件，当他打开网页下载这个软件的时候，殊不知"木马"被安安请回了家。没过一会儿，安安的朋友打来了电话："安安呀，你的 QQ 账号是不是被盗了呀，给我们发了一些不良信息和广告！"安安一听就慌了，赶紧向身边的全全求助。全全在查看了电脑以后告诉安安："可能就是你从网站上下载的这个软件导致计算机被植入了电脑木马！"

安安没听明白全全说的是什么，连忙问："木马是什么啊？"

全全回答："希腊神话中的特洛伊战争应该听闻过吧，'木马'这一名词就来源于特洛伊战争中的特洛伊木马。在神话中，希腊军队在攻城的时候佯装撤退，但是留下了一匹木马，特洛伊人就把木马带回了城中。当特洛伊人庆祝胜利时，从木马中悄悄走出了一批希腊军人，他们打开了城门，把城外的军队放了进来，最终拿下了特洛伊城。电脑木马，是一种能独立存在的有害程序，通常隐藏在正常文件中，正常文件就好比神话所说的木马，木马程序就好比木马中的士兵，它在等受害者把它请到自己的电脑上。"

安安大吃一惊，说："原来木马是被我自己请回来的呀！那除了依附于软件传播，木马还有哪些传播方式呢？"

全全说："木马还会通过电子邮件、网页和 QQ 进行传播。"

安安继续问道："那木马病毒进入我的电脑后，是不是也会攻破我的电脑的'城门'呢？"

全全回答："是这样的啊！木马程序一旦进入电脑并启动，就会开始监视我们的一言一行，伺机窃取账号、口令、重要文件等敏感数据和文件，篡改或删除重要文件和数据。"

安安问："木马程序中有哪些比较有名呢？"

全全回答道："那太多了，就说两个吧！2001年的'灰鸽子'木马和2012年的'浮云'木马。'灰鸽子'木马主要窃取账号、密码、照片和文件等敏感信息；'浮云'木马表面上让我们为一笔金额很小的订单付款，但是背地里却在后台执行另外一笔金额巨大的订单，一旦确认了订单，高额的资金就被黑客盗走，进了他们的口袋。"

安安不听不知道，一听吓一跳。随即全全安慰道："不要这么害怕，注意以下几点就能有效防治电脑木马！不访问不可信的网站，更不从不可信网站下载文件；不打开不确信的链接；不下载和不打开来历不明的文件；打开下载或拷贝下来的文件前先进行木马查杀。"

知识加油站

◯ 什么是电脑木马

电脑木马是指隐藏在正常程序中的一段具有特殊功能的恶意代码，是具备破坏力和删除文件、发送密码、记录键盘及DoS（denial of service）攻击等特殊功能的后门程序。木马其实是计算机黑客用于远程控制计算机的程序，通过里应外合，对被感染木马的计算机实施操作。木马程序主要伺机窃取被控计算机中的敏感数据和重要文件，也可以对被控计算机实施监控和资料修改等非法操作。木马病毒具有很强的隐蔽性，可以根据黑客的意图突然发起攻击。

◯ 速记口诀

藏身文件善伪装，乱点乱开请进来；偷窥隐私窃数据，"四不一查"进不来。

通关考验

上一章的答案是：1.C；2.B。你答对了吗？本章的考验又开始了，继续吧！

1. 下列关于木马的说法中错误的是（ ）

   A. 是我们自己请来的　　　　　　　　B. 主要会导致计算机不能正常运行

   C. 是能独立存在的，即不具有寄生性　D. 黑客通过它窃取用户隐私数据

2. 以下关于木马程序防治的陈述中不正确的是（ ）

   A. 不访问不可信的网站　　　　　　　B. 不访问互联网

   C. 不点击不可靠的链接　　　　　　　D. 不下载和不打开来历不明的文件

蠕虫——不请，我也要来

今天，安安和全全一起去电影院观看了迪士尼出品的电影《无敌破坏王2：大闹互联网》，电影结束后安安还意犹未尽。

安安："迪士尼太敢想了吧！能够将互联网背后繁琐的理论和技术表现得如此简单通俗，我竟然都看懂了呢！"

全全："确实是一部有趣的电影，看了这部电影，感觉长了不少知识呢！"

安安："最后的大 boss 长得太可怕了，看得我心惊胆战的。"

全全问："那你知道影片最后的大 boss 在网络虚拟空间里属于什么物种吗？"

安安疑惑不解："什么物种啊？"

全全："你想啊，能自动扫描漏洞，一旦发现目标就能迅速自我复制并进行扩散，是什么呢？"

安安："难道是蠕虫病毒？"

全全："没错，看来咱安安还是有些网安知识的。"

安安："嘻嘻，我可是很聪明的哟！"

全全："具有这种特征的程序就是一种典型的蠕虫程序。很久之前，用的操作系统是名叫 DOS（disk operating system）的操作系统，当这种程序感染计算机的时候，屏幕上会出现长得像虫子的东西，它会一直胡乱地吞吃屏幕上的字母，而且还会把字母的形状给改变了，所以称为蠕虫。"

安安："哈哈，那还真挺形象的呢。"

全全："蠕虫很厉害，可以利用我们的网络来进行复制和传播，就像我们生活中的某些害虫一样，繁殖的速度可快了！"

安安："快说，是谁制造了蠕虫？好想知道哟！"

全全耐心地回答："历史上第一个电脑蠕虫名叫'莫里斯'，它是 1988 年 11 月 2 日由美国康奈尔大学的一个学生罗伯特·莫里斯开发的，他自己亲手创造了'蠕虫'，并不小心把它放进了因特网，闯下了弥天大祸。经历了一个晚上，这条可怕的'蠕虫'像害虫一样飞快地繁衍，然后在整个因特网上快速传播和扩散，使得美国 6000 多台计算机受到了感染和攻击！"

"一夜之间就感染了这么多电脑，好可怕！"安安不禁感叹。

全全："其实历史上还有好多各式各样的蠕虫，比如'冲击波'病毒，它一直飞速地在早些时期的 Windows 系统中复制、扩散和传播，还有当年在中国无人不知的'熊猫烧香'，它们都属于蠕虫。当然最近这几年，也发生过蠕虫攻击事件，比如勒索蠕虫'永恒之蓝'，它利用 Windows 系统的漏洞可以获取系统最高权限，从而造成大量数据被恶意加密，给人们造成很大的损失。"

"全全，你仔细给我讲讲蠕虫呗！"安安饶有兴趣。

全全："蠕虫其实也是一段独立的程序，但它不需要计算机用户直接干预，自己就可以自动运行，它不断地扫描网络中存在漏洞的计算机，然后通过漏洞获得计算机上的一部分控制权并进行传播，有时候甚至可以取得全部的控制权。"

安安："那只要应用程序有一点点的小漏洞都有可能被蠕虫拿来利用啊！"

全全："蠕虫与普通病毒的最大不同就在于它不需要人为干预，靠自己就能不断地复制和传播。"

"嗯，我了解了！可是蠕虫是怎么破坏我们的电脑的呢？"安安问道。

"这个嘛，其实很简单，蠕虫先扫描你的电脑，寻找可以利用的漏洞或弱点；一旦找到你的电脑的漏洞和缺陷，它就开始攻击你的电脑了，要是攻击成功，就可以获得和你一样的控制权限；当取得控制权限后，它就把自己复制到你的电脑上。当它进入电脑，它就把你的电脑当作跳板攻击其他电脑。有了你的电脑的权限，它就可以胡作非为了，比如在你的电脑上安装后门、跳板、控制端和监视器，以及清除日志等。任何你能在你的电脑上做的，它也能在你的电脑上做到。"全全回答道。

"真是太可怕了，我们该怎么防范呢？"安安感到很惊讶。

"当然是从我做起啦！首先我们要选购合适的杀毒软件，就跟杀虫剂杀死害虫一样，它可以杀死蠕虫。"

"其次，我们要经常升级病毒库，病毒库就像不同种类的杀虫剂，就像杀蚜虫需要用杀蚜虫的杀虫剂，杀蟑螂需要用杀蟑螂的杀虫剂，所以病毒库越丰富，杀毒软件能杀死的病毒的种类就越多。"

"最后也是最重要的，要及时给操作系统打上补丁并升级应用程序。操作系统或一些应用程序的开发非常复杂，难免会出现一些漏洞。漏洞的出现给蠕虫带来可乘之机，或者可以这样说，漏洞正是蠕虫赖以生存的条件。只要能堵住这些漏洞，蠕虫就无法进行渗透，进而也就无处遁形，而堵住漏洞的不二方法就是及时给操作系统打上补丁并升级应用程序。"全全说道。

安安："给它来一个釜底抽薪，斩断它的传播途径。原来网络世界和现实世界一样啊，网络世界也同样存在'害虫'，谢谢全全，我又学到了！"

知识加油站

什么是电脑蠕虫

电脑蠕虫是一种可以自我复制的代码，并且通过网络传播，通常无须人为干预就能传播。蠕虫入侵并完全控制一台计算机之后，就会把这台机器作为宿主，进而扫描并感染其他计算机。当这些新的被蠕虫入侵的计算机被控制之后，蠕虫会以这些计算机为宿主继续扫描并感染其他计算机，这种行为会一直延续下去。

速记口诀

扫描漏洞觅良机，渗透传播靠自己；为所欲为危害大，尽早堵漏莫迟疑。

小贴士

宏观上，木马和蠕虫都常被称作病毒；微观上，三者是不同的。

	存在方式	传播攻击方式	攻击目的	防范手段
病毒	一段代码	数据交换，被动	系统无法正常运行	病毒检测
木马	独立文件	文件下载，被动	窃取敏感数据	勿随意下载
蠕虫	独立文件	网络渗透，主动	获取超级用户权限	及时打补丁

上一章的答案是：1. B；2. B。你答对了吗？本章的考验又开始了，继续吧！

1. 下列哪些措施不可以防治蠕虫病毒（ ）

　　A. 安装杀毒软件　　　　　　　　B. 打开文件前先对载体进行杀毒扫描

　　C. 及时打上补丁或升级程序　　　D. 对电脑进行垃圾清理

2. 电脑蠕虫的特点不包括（ ）

　　A. 需要将自身寄生在其他程序体内　　B. 能够主动地实施攻击

　　C. 比传统病毒具有更大的传染性　　　D. 通过网络渗透获取超级用户权限

社会工程学攻击——守住自己的嘴

为了多学习一些知识并充实自己的假期生活，安安在和父母商量后来到图书馆勤工俭学，协助管理员王老师整理图书管理系统中的各项数据。这天，安安收到了图书馆管理员王老师的邮件，邮件内容如下。

安安同学：

我是王子聪老师，你是不是修改了图书管理系统的密码，为什么我登录不了？速把密码发与我，李大力老师要检查系统中的数据。

安安赶紧把密码发给了王老师。

结果，不一会儿，安安又接到了王老师的电话，王老师问道："安安，你最近在让其他同学帮你管理数据吗，怎么有好多数据都丢失了呀？"

"没有啊，图书管理系统的数据一直都是我在管理的，王老师，而且都是按照您培训的内容来操作的。"安安有些疑惑不解。

"那你是不是把密码给其他同学了啊？"王老师有些着急地问。

安安："我没有告诉其他人，只有昨天下午的时候收到您询问密码的邮件，发给了您。"

王老师："哎呀，坏了，安安，我昨天没有给你发邮件啊，你一定是被骗了。"

安安："啊？那怎么办啊？"

王老师："先不要担心，我把密码重新修改一下。数据呢，每天都有存档，我恢复一下就可以了。但是你可千万要提高警惕啊，我每天都会查看图书管理系统中的数据，密码是不会忘记的，下次你再收到这样的邮件，一定要先打电话求证一下。"

安安："好的，对不起王老师，我记住这次教训了。"

王老师："好，吃一堑长一智，你不要太自责了，好孩子。"

安安挂了电话，心里很是疑惑和恼怒，忙问全全："明明我收到的那封邮件，什么信息都能对上，我的名字，王子聪老师的名字，甚至检查数据的李大力老师的名字，都是对的……"

全全："停，安安，你刚刚说了什么，重复一下。"

安安："王子聪老师的名字，检查数据的李大力老师的名字……"

　　全全："你也注意到了对吧，这些信息你随口就说出来了，那么有心人稍加打听也可以得到，这就是一个社会工程学攻击的例子。社会工程学攻击是指操纵他人采取特定行动或泄露机密信息的行为，并以欺诈手段达到收集信息和访问计算机系统的目的。在日常生活中，我们经常可以看到银行卡被盗刷以及个人数据出现在黑市并按照几毛钱一条交易的黑色产业链的有关报道；而在社交媒体极度活跃的现在，通过一个人的短视频平台账号、微博和微信朋友圈可以分析出很多信息。不法人员稍加利用，就可以轻而易举地伪装成你的朋友、你的老师或医院的医护人员，让你疏于防范而得以下手。"

　　安安："那我们应该怎么应对这种情况呢？"

　　全全："最重要的就是要管住自己的'嘴'，保护自己的个人隐私，不要在互联网上随意发布关键信息，比如我们的学校、姓名、自己的正面照片、家庭住址和电话号码，这样就从源头上阻断了他们获取信息的途径。此外，要时刻提高警惕并保持理性思维，不要别人让你做什么你就做什么，涉及私密数据要及时通过电话求证，不要轻易地相信网络环境中所看到的信息。"

安安："对啦，我想起来了，我妈妈每次拿了快递都会把快递单子上面的电话和地址这些信息全部划掉才会扔出去，而且我们家外卖口袋上的凭条也都是撕毁后再丢弃的。"

全全："就是这个道理。互联网时代个人隐私就像披着薄纱的鲜花，风一吹，纱便飘飘然掉落了，鲜花裸露在尘埃飞扬的空气里。普通人尚且可以通过你的微信朋友圈和微博分析出你的各种信息，更不用说那些懂得使用爬虫和 DNS 分析的技术型人员了。"

安安："不过，他们再厉害，只要我们管好自己的'嘴'，就不会给他们可乘之机。"

在网上
筑一个安全的 窝

知识加油站

○ 网络社会工程学攻击

操纵他人采取特定行动或泄露机密信息的行为，以达到收集信息、欺诈和访问计算机系统的目的。它与骗局或欺骗类似，故常用于指代欺诈或诈骗。

○ DNS

域名系统（domain name system），互联网的一项服务。将域名和 IP 地址相互映射的一个分布式数据库，能够使人们更方便地访问互联网。

通关考验

上一章的答案是：1. D；2. A。你答对了吗？继续闯关吧！

1. 以下哪种做法是正确的？（ ）

  A. 安安收到"王老师"索要密码的邮件，迅速地将密码告诉了"王老师"

  B. 安安收到一封"中奖"邮件，在仔细回想自己没有抽奖之后，删除了邮件

  C. 全全爸爸接到"医生"通知全全遇到车祸需要转款的电话，心急如焚地汇款到指定账户

  D. 安安妈妈将安安的照片晒到微博上，并附上小区定位

2. 收到"王老师"索要系统密码的邮件，安安应该（ ）

  A. 打电话求证   B. 迅速发给"王老师"

  C. 发朋友圈嘲讽   D. 在班级群里回复密码

网络后门——黑客们的最爱

一天，在信息安全课上，安安的班级里放映了一部 Howard E. Baker 导演的电影《新三只小猪》。

这个电影主要讲的是三只小猪发现家门口有一只狼崽，它们决定把它当亲生的来养育，并且给它取了一个可爱的名字——Lucky。可是，小猪们不知道自己已经中了狼群特种部队的奸计。

Lucky 一天天地长大，狼群决定告诉 Lucky 它其实是一只狼，而且过几天要举办一个聚会，它们想借用猪爸爸的房子，让 Lucky 将猪爸爸家的钥匙放在门口的地毯下面，Lucky 相信了狼群的话。

狼群开始干坏事了，Lucky 和猪爸爸吵架又离家出走了。当它走在森林的深处才意识到狼群要吃掉猪爸爸，它懊悔极了，哭着冲回家，救下了猪爸爸。

老师说："同学们都看完这部电影了吧？"

同学们："看完了。"

老师问："那老师问你们一个问题，如果你们在回家的路上发现了一只无家可归的狼

崽，你们会把它带回家吗？"

"会，因为把它单独留在那儿，如果遇到危险怎么办？"

"对对对，而且狼也是动物，爸爸、妈妈和老师经常教导我们要保护动物。"

"不会，因为狼会吃掉我们，我怕大灰狼。"

……

同学们众说纷纭。

老师说道："同学们说得都有道理，那大家再思考一下，为什么狼群要把狼崽留给小猪们抚养呢？"

安安回答道："因为狼群想要 Lucky 拿到三只小猪家的钥匙，然后进去吃掉小猪们。"

老师答："对的，非常棒！"

老师继续说道："这种情况我们可以给它取一个非常生动的名字，叫做'留后门'。在网络信息安全方面，这个就叫做'网络后门'，它的意思是使用一种绕过的方式访问系统。后门的主要目的是使以后再次进入该系统更加方便、快速和隐蔽。"

看着同学们一脸疑惑，老师继续说道："就像狼群想吃掉小猪们，它们没有直接敲小猪家的门，而是绕过三只小猪，转而让 Lucky 去给它们拿钥匙，而 Lucky 就像它

们留的一道后门。"

"哦哦——"同学们顿悟。

"其实在生活中攻击者也像电影中的狼群一样，常用欺骗的手段。通常攻击者采用发送电子邮件等方式，并且诱导受害者点开带有木马的邮件，之后木马就会在受害者的主机上创建一个后门，方便攻击者再次对该主机的系统进行隐蔽的访问和控制，而且后门也容易被入侵者当成漏洞进行攻击。"

安安说道："啊，网络后门好可怕，请问老师有什么预防方法吗？"

"同学们不用着急，虽然网络后门很可怕，但是我们也有办法的。"

常用的安全措施如下。

1. 安装个人防火墙，利用防火墙关闭不会被用到的端口。

2. 安装杀毒软件，及时更新病毒库，设置开机自启动杀毒模式并进行网络数据实时监控。

3. 不下载和不打开来源不明的软件和文件。

"我今晚回家要赶紧看看我的计算机有没有被留后门。"安安说道。

知识加油站

○ 网络后门

在信息安全领域，后门是指采用一种绕过的方法访问或者控制某个系统，而不是直接通过安全控制系统进行访问。后门的主要目的是使以后再次进入该系统更加方便、快捷和隐蔽。

○ 端口

设备与外界传输数据的出口。打开某些端口，可以实现某些功能，常见的端口有：80端口（实现网页浏览）、21端口（实现文件的上传和下载）、22端口［实现 SSH（secure shell）服务］、23端口（实现远程登录）和25端口（实现邮件发送）。

○ **速记口诀**

网络后门多隐蔽，不用端口要关闭；开机自启防火墙，非法文件别点击。

上一章的答案是：1. B；2. A。你答对了吗？本章的考验又开始了，继续吧！

1. 下列说法错误的是（ ）

　　A. 使用个人防火墙　　　　　　B. 随意下载和安装可疑插件

　　C. 设置开机自启动杀毒软件　　D. 及时更新病毒库

2. 下列对网络后门描述不正确的是（ ）

　　A. 使用绕过的方法访问系统

　　B. 后门使以后再次进入该系统更加方便、快速和隐蔽

　　C. 误导受害者点击带有木马的邮件等

　　D. 后门不容易被入侵者当成漏洞进行攻击

网络钓鱼——天上不会掉馅饼

课间的时候，安安突然收到一条陌生人发来的 QQ 消息："恭喜您！您已中奖，扫描下方二维码，即可获得免费的零食大礼包一份！"

"啊！我中奖了！"安安大喊道。

全全跑到安安的位置上："我看看，真的耶，安安你真幸运！"

这时大家都围在安安的身边，抢着看安安的 QQ 消息。

"好羡慕呀！"

"哇，零食大礼包一份耶！"

……

教室里一片惊叹声。

这时，教室的预备铃声响了。

"叮铃铃……"

这堂课是信息安全课，老师已经走到教室了，可是同学们依然还围在安安的身旁，没有回到自己的位置上。

老师问道："同学们，发生什么事了？已经上课了哟。"

同学们争着回答："老师，老师，安安中奖了！零食大礼包一份呢。"

老师走到安安的身旁："来，给老师看看。"

老师看了看 QQ 消息："安安，你认识给你发消息的这个人吗？"

安安："老师，不认识。"

老师："那千万不要乱扫二维码。"

老师："安安，你已经扫了吗？"

安安："老师，还没有。"

老师："那就好，如果你扫描了这个二维码，可能就中了坏人的圈套，坏人有可能会窃取你的重要信息，比如你扫描了这个二维码之后，可能你的 QQ 号就被盗了。"

"坏人盗取你的 QQ 号之后，就会借着你的 QQ 号去给你的朋友和家人继续发类似的消息。那么，你想，你身边的朋友知道是你发的消息，肯定会相信你的话，然后大家都中了坏人的圈套。"老师继续说道。

全全："幸好有老师，要不然安安就被坏人骗了。"

老师："好，那今天就借着这件事情，给同学们普及一下。在网络安全上，我们给这种情况取了一个生动形象的名字，叫做'网络钓鱼'。网络钓鱼就是坏人利用欺骗性的电子邮件和伪造的 Web（world wide web，全球广域网，也称为万维网）站点来进行网络诈骗活动，使受骗者自愿交出重要信息或被窃取重要信息，比如短信验证码、身份证号和密码等，坏人不用主动攻击，只需要诱导受害者上钩就行。同学们想想，这个名字是不是很形象呢？"

同学们："哦——真的耶！"

老师："同学们可千万不要小看网络钓鱼哟。据公安机关统计，每年遭受网络钓鱼的群众不计其数呢。"

"哇——"同学们发出一阵惊叹。

老师："所以我们以后再遇到这种情况的时候，我们应该怎么办呢？"

安安说："爸爸妈妈说过，我们不能随便相信陌生人的话，即便是给棒棒糖，我们也不能跟陌生人走。"

老师："对，我们要坚信天上是不会无缘无故掉馅饼的。"

老师："上网时一定要看清网址，坏人有可能会伪造拼写错误的网址来欺骗我们。此外呢，我们还要记住'四不要'。"

1. 不要在网上留下自己的个人真实资料，特别是一些重要的个人信息，比如银行卡号和密码等。

2. 不要使用聊天工具传输自己的真实资料，如 QQ 和微信等，因为这些信息很可能在传输的过程中被坏人截取。

3. 未经证实，不要轻易相信网上的流言或者中奖信息。

4. 在一些小网站注册时，尽量不要使用真实的姓名，坏人可能利用这些资料欺骗你的朋友。"

老师："如果有同学被'钓鱼'，怎么办呢？"

老师："首先，我们要停止共享敏感信息，然后告诉爸爸妈妈，并且及时向警察叔叔求助。其次，如果是银行卡信息泄露的话，我们一定要请求银行等机构采取相关的措施，这样即使别人拿到了我们的密码，那他也不能取出我们的钱啦。最后的话，我们一定要记住密码是我们个人的秘密，我们一定要保护好，不可以随便告诉其他任何人哦！"

"攻击者会根据不同人群的不同心理设置诱饵，诱导受害者上钩。同学们今天回家之后一定要告诉自己的爸爸妈妈和爷爷奶奶注意不要随便扫描二维码哟！"

"好的！"同学们高声答道。

知识加油站

○ 网络钓鱼是什么

攻击者通常会利用不同人群的心理设置不同的诱饵，诱导受害者上钩，受害者通常会将自己的私人信息透露给攻击者。网络钓鱼技术通常包括链接操作（如拼写错误的网址）和过滤器规避（如用过滤器难以侦测的图片代替文字描述）等。

○ 速记口诀

网络钓鱼花样多，贪图便宜吃大亏；中奖消息不轻信，网址链接看仔细。

通关考验

上一章的答案是：1. B；2. D。你答对了吗？本章的考验又开始了，继续吧！

1. 下列关于网络钓鱼的描述错误的是（　　）

　　A. 攻击者通常利用不同人群的心理设置不同的诱饵

　　B. 上钩后，受害者通常会主动给出自己的私人信息

　　C. 网络钓鱼没有任何威胁

　　D. 入侵者并不需要主动攻击

2. 遭到网络钓鱼之后，错误的做法是（　　）

　　A. 停止共享敏感信息　　　　　　　B. 请求银行等机构采取措施

　　C. 立即更改密码　　　　　　　　　D. 继续使用原密码

安全漏洞——苍蝇不叮无缝蛋

安安和全全正在用家里的电脑看动画片，突然，电脑管家弹出一条通知：

发现 87 个高危漏洞，并且下面出现了一键修复的按钮！

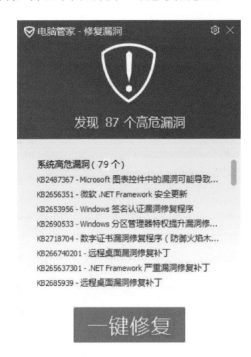

安安："怎么回事？为什么会弹出这个呀？"

全全看了看屏幕："你的系统应该是很久没有更新了，存在很多漏洞，赶紧修复一下吧！"

安安脑袋里打满问号："漏洞？那是什么？我不太明白呀！"

全全见到安安疑惑的样子说："别急，让我来慢慢给你解释。"

全全卖了卖关子，回答道："这个漏洞是指安全漏洞，给你打个比方吧！比如你今天出去玩了，把门关上了，但是你却忘了关上窗户，这个开着的窗户就是你家的漏洞，小偷很有可能通过窗户进入你家，然后窃取你家的财产，甚至破坏你家里的物品！"

安安："嗯，那岂不是很危险咯！可是这和网络方面的安全漏洞有什么联系呢？"

全全："是的，在网络安全领域，漏洞是指系统、软件或协议中存在的缺陷，或者系统安全策略的不足、弱点或不合理的地方。"

安安很疑惑："漏洞有可能被坏人或蠕虫利用，是吧？"

全全："你可真聪明。"

安安："哈哈，那当然了！"

全全："如果你的电脑存在一些很大的漏洞，那些不法分子或者电脑黑客就可以利用这些漏洞了。比如他们可以在你的电脑上植入病毒或者进行一些非法操作，然后对整个电脑进行攻击或控制，从而窃取你的电脑中的重要资料和信息，甚至破坏你的系统。"

安安："现在我的电脑上存在这么多漏洞，岂不是很危险呀！"安安说着紧张起来。

全全："是啊，所以要及时更新系统，修复漏洞。比如2017年的时候，就有不法分子利用 Windows 系统上的漏洞，用一个叫做'永恒之蓝'的网络攻击工具制作了勒索病毒。短短五个小时，全球很多地方都遭受了攻击，比如英国和俄罗斯，甚至整个欧洲。除了国外，我们国内很多高校的校内网和一些大型企业的内网也受到了攻击，就连一些政府机构的专网都纷纷中招了。那些不法分子要求支付高额的赎金，然后他们才肯为用户解密被勒索病毒加密的文件，这造成了严重损失。如果及时更新了系统，修复了漏洞，就不会出现这个问题。"

安安："我一定要及时修复漏洞，出现一个，我就修复一个！"

全全："不仅仅是电脑操作系统上的漏洞，还有很多其他的漏洞。我们用的各种电子产品发展得很快，以前漏洞主要以我们的电脑作为载体，现在都延伸到我们经常使用的智能电子产品上了，比如手机上的二维码漏洞和安卓系统上的应用程序漏洞等，都非常危险。"

安安:"漏洞太可怕了,现在有什么防范漏洞的技术吗?"

全全回答:"漏洞是不能被杜绝的,没有什么东西是十全十美的,所以我们的系统才会经常更新。随着时间的推移,旧的系统漏洞会慢慢地被修复,但是与此同时又会出现其他的漏洞,系统漏洞问题会长期存在的!"

"我们能做的,就是及时更新系统,并且修复系统环境中存在的安全漏洞。"

"对于我们自己,应该培养良好的计算机网络安全意识,不轻易下载不明软件程序,不轻易打开不明邮件夹带的可疑附件,注意识别可疑的网站并且不要轻易打开它,及时备份重要的数据文件。"全全继续说道。

"好的,我现在就把系统漏洞修复了。"安安说完,便点击漏洞修复按钮,完成了漏洞修复。

知识加油站

● 什么是漏洞

漏洞是指一个系统存在的弱点或缺陷,包括系统对特定威胁、攻击或危险事件的敏感性,或者被攻击或威胁的可能性。漏洞可能来自应用软件或操作系统在设计时的缺陷或编码时产生的错误,也可能来自业务在交互处理过程中的设计缺陷或逻辑流程上的不合理之处。这些缺陷、错误或不合理之处可能被有意或无意地利用,从而对一个组织的资产或运行造成不利影响,如信息系统被攻击或控制、重要资料被窃取、用户数据被篡改和系统被作为入侵其他主机系统的跳板。

● 速记口诀

系统漏洞常出现,及时修复是关键;安全习惯要养好,黑客病毒不会找。

上一章的答案是：1. C；2. D。你答对了吗？本章的考验又开始了，继续吧！

1. 漏洞不能造成哪些危害？（　　）

A. 导致黑客的侵入及病毒的驻留

B. 导致数据丢失和被篡改

C. 导致隐私泄露乃至金钱上的损失

D. 计算机供电不稳定造成的计算机工作不稳定

2. 下面操作中正确的做法是（　　）

A. 下载不明软件程序　　　　　　B. 积极安装最新补丁，修复漏洞

C. 打开不明邮件夹带的可疑附件　　D. 打开可疑的网站

拒绝服务——苍蝇不叮无缝蛋？未必！

为了答谢全全一直以来的帮助，安安决定请全全去自家经营的餐厅吃饭。

安安看着全全，问道："怎么样，我家的店还不错吧？"

全全满足地咽下一块回锅肉："太好吃了！肥而不腻，真是太香了！"

安安笑了笑："好吃你就多吃点，我们家的回锅肉呀，那可是招牌！"

安安和全全开心地吃着饭，全然不知一场阴谋正悄悄来袭。

原来，安安家餐厅的隔壁也有一家餐厅。但是相比安安家的餐厅，这家餐厅的味道却是差上很多，而且服务态度也不能相比。久而久之，来安安家餐厅用餐的顾客便越来越多。看着安安家餐厅热火朝天的样子，隔壁餐厅的老板心生嫉妒，开始琢磨起了坏点子！

到了正午，正是顾客用餐的高峰期，大家都纷纷拿出手机准备点餐。这时，隔壁餐厅的老板也在指挥着一群人用手机在安安家的餐厅下单。原来他早就找好了帮手，准备捣乱。

站在餐厅柜台旁的安安，看了看显示器上的订单，高兴地说："今天订单好多呀！是我们平时的好几倍呢！原来有这么多人喜欢我们家的餐厅啊！"

全全点点头，也替安安开心着。看着店里热闹的顾客们，全全突然觉得有点不对劲。他心中默数着餐桌，发现了端倪，转头看着安安说道："安安，订单有问题！有人在恶意下单！"

安安疑惑地望向了全全，全全给他解释道："餐厅一共只有这么几张餐桌，就算每桌都点了餐，也不会有这么多订单啊！"

安安恍然大悟，看着显示器上还在不断增加的订单，慌乱起来："订单太多了！全全，我该怎么办呢？"

全全沉思了一会儿，说道："安安，你先别慌！我们先让服务员一桌一桌地核对大家的订单，解决眼下的问题。"

安安乘机打电话给爸爸，解释完餐厅出现的问题后，心里稍微平静下来，"全全，这个坏人好聪明啊，差点就让他得手了！"

全全坐了下来："这次他使用的攻击手段，很像网络中常发生的拒绝服务（DoS）攻击。他企图将未付款的虚假订单混入未付款的正常订单里，让我们无法区别订单的真假，从而影响我们的经营。"

安安吓了一跳，问道："啊？把网络中的攻击手段运用到现实生活中，这也可以吗？"

"当然可以！这种做法堪称阴险、毒辣和下流！"全全一边点着头，一边说道。

安安坐到全全身旁，问道："全全，你再给我讲讲吧！拒绝服务攻击到底是什么呢？"

全全清了清嗓子，说道："拒绝服务攻击是指攻击者利用某种方法让我们的服务器停止提供服务，这也是黑客常用的攻击手段之一。由于单台计算机容易被识别，且很难瘫痪目标服务，故黑客一般采用分布式拒绝服务 DDoS（distributed denial of service）攻击，由于利用了大量不同计算机同时发起攻击，攻击往往能够得手。"

安安："什么是分布式拒绝服务攻击呢？"

全全："分布式拒绝服务攻击就是攻击者利用自己控制的僵尸网络向目标服务器发起攻击。黑客为了利用大量计算机发起攻击，先要攻破网上的很多计算机。被攻破的计算机就像提线木偶一样，被黑客坑弄于股掌之间，故它们也被称作傀儡主机。为了进行拒绝服务攻击，黑客往往会将所有傀儡主机组织起来形成僵尸网络。僵尸网络的形成意味着傀儡主机不是'一台机器在战斗'，而是一群主机像一台机器一样在战斗，这也是'分布式'的含义。"

安安："什么样的电脑最容易被攻破而成为傀儡主机呢？"

全全："当然是'肉机'了！"

看着安安迷茫的样子，全全继续说道："'肉机'是指那些不设置系统登录口令或口令容易被猜到的计算机。对于黑客而言，攻破'肉机'简直就是小菜一碟啦！"

安安似乎有点明白了，说："是不是还可以利用木马和蠕虫攻破电脑？"

全全点了点头，说："安安威武，完全正确！"

安安有点害羞地说道："怎样才能不当'肉机'呢？"

全全："想不当'肉机'，就必须把口令设成安全口令，如何设安全口令，在讲到'身份认证'时再给你讲吧。我继续说分布式拒绝服务攻击吧，分布式拒绝服务攻击主要采用两种攻击手段，一种是直射攻击，另一种是反射攻击。"

看着安安专注的眼神，全全继续讲道："其中直射攻击是指，攻击者利用僵尸网络中的傀儡主机向服务器发送大量连接请求以耗尽服务器的计算和存储资源，进而导致服务瘫痪。这种攻击方式就好比在餐厅里突然出现了大量虚假顾客，他们占用了所有服务员，让真实顾客无法获得服务。"

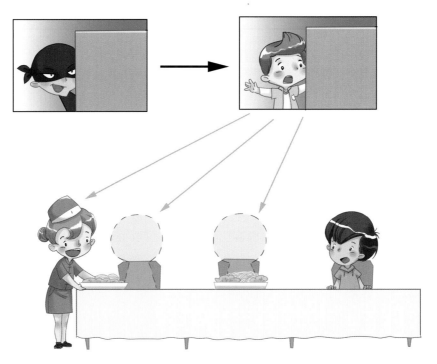

【餐厅里所有服务员一直为虚假顾客服务，其他顾客一脸无奈】

安安听得频频点头："那反射攻击呢？它又是怎样的呢？"

全全咽了咽口水："相比直射攻击，反射攻击更为隐蔽。在反射攻击中，黑客不会直接攻击受害服务器，而是冒充受害服务器向反射器发送大量建立连接的消息请求，导致受害服务器收到大量回复消息，进而导致受害服务器带宽被耗尽并使得服务瘫痪。是不是很狡猾？这里的反射器一般是互联网中提供某种特定服务的服务器。"

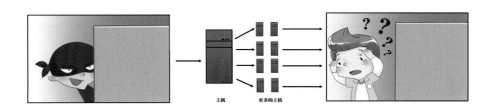

【一群虚假顾客把餐厅门口围住，店主一脸无奈】

安安恍然大悟："我知道了，直射攻击就好比虚假顾客把店里的服务员和座位都霸占了，反射攻击就好比把门给堵死了，目的都是让正常顾客无法获得服务，我们遭受的这次攻击应该是直射攻击吧！"

全全笑了笑："是的！安安你理解得很对！虽然消耗电脑资源和占用带宽是拒绝服务攻击的主要手段，但是其实只要是能够导致服务器停止服务或者死机的攻击都可以被看作拒绝服务攻击。"

安安摸摸脑袋："哇！拒绝服务攻击也太可怕了吧！'苍蝇不叮无缝蛋'，它连'无缝蛋'都要叮啊！"

安安苦恼地问道："全全，坏人这么可恶，那我们应该拿他们怎么办呢？"

全全笑着说："就像我们现在核对每一桌顾客的订单一样，如果我们可以对那些下单的用户都进行辨别，就可以把那些暗中搞破坏的用户筛选出来了。"

安安连忙点头，说道："全全，这是个好主意！"这时，处理完订单问题的安安爸爸来到了他们身边。

安安爸爸摸着他们俩的头，说道："筛选那么多用户肯定很困难，但我们可以想办法进行控制！我们可以对那些只下单却不付款的用户进行管理，超过规定时间就直接取消该订单，进而就可以服务其他顾客了。若是同一号码多次恶意下单，可以把他拉入黑名单。"

安安和全全恍然大悟，都赞叹安安爸爸的智慧。

安安爸爸继续说道："我们有很多应对 DoS 攻击的方法。我们可以检测下单量，比如今天中午的订单数量就比平时多好多倍，如果我们能够对这种突然增加的订单进行检测，就可以及时发现 DoS 攻击并处理。在计算机网络中，这被称作基于流量的检测。"

全全："叔叔真厉害，还可以怎么办呢？"

安安爸爸笑了笑，说道："别急，我们还可以根据下单手机号对用户进行一一绑定，根据手机号个数的变化来判断是否发生了 DoS/DDoS 攻击。因为餐厅服务的客人很多都是回头客，客人数量也是有规律地增加，如果突然增加了一大批未知订单，就需要警惕了，要判断这是不是 DoS/DDoS 攻击。而在计算机网络中啊，手机号就相当于电脑的 IP 地址，是访问者身份的唯一标识，这种检测方法，叫做基于源 IP 地址的 DoS检测方法。"

安安和全全听得正认真，安安爸爸却眉头一皱地说："但这样也会出现新的问题。一个正常用户也有可能因为其他原因导致付款不及时而被我们拒绝掉，这很难避免。"

安安："爸爸，最新的技术也难以避免拒绝服务攻击吗？"

"是的，来，我带你们看个新闻！看完这个新闻你们就知道 DoS 攻击有多难防了。"安安爸爸带安安和全全来到餐厅电脑旁，并打开了一个网页，映入眼帘的是一篇新闻。

"据网络安全新锐媒体 FreeBuf 报道，2016 年 6 月，美国一普通珠宝店在正常经营时，突然遭受超过 25000 个摄像头的共同攻击。据悉，黑客利用摄像头的漏洞，控制了数以万计的摄像头并对美国一家珠宝公司的销售网站进行了大范围和大规模的 DDoS 攻击，直接导致该网站瘫痪。这场大规模的攻击令人们重新审视起 DDoS 攻击，其攻击对象不再是所谓的傀儡电脑，而是被控制的摄像头。摄像头也能进行大规模的拒绝服务攻击！美国安全公司 Sucuri 在对这一事件进行调查时发现，该珠宝店销售网站的服务器遭到了 SYN 泛洪（SYN flood）攻击，在受到每秒钟 36000 多次 DDoS 攻击之下，该网站服务器在资源迅速耗尽后宕机，无法再为用户提供正常的服务（无法访问该网站）。据统计，此次的攻击网络是目前已知的世界上最大的 CCTV（closed circuit television，闭路电视摄像头）僵尸网络。"

安安爸爸语重心长地说："你们看网络摄像头都能成为攻击者，DoS 攻击是多么变幻莫测！网络安全建设任重而道远，以后我们国家的网络安全建设就靠你们了！"

安安和全全听完后，更加坚定了学好网络安全知识的决心。

知识加油站

○ 什么是拒绝服务攻击

指通过消耗目标服务器的计算、存储和带宽等资源，导致用户无法从该服务器获取正常服务的攻击。

○ 什么是分布式拒绝服务攻击

指攻击者利用僵尸网络上的成千上万台傀儡主机发起的拒绝服务攻击。攻击主要包括直射攻击和反射攻击。

傀儡主机：攻击者所攻破的并被其完全控制的计算机。

僵尸网络：由傀儡主机按照分布式方式构建的能像一个整体采取行动的网络。

◉ **防范方法**

设置安全口令；系统安全加固（我们该做的）。

异常流量检测；源IP地址检测（管理员该做的）。

◉ **速记口诀**

拒绝服务攻击强，又难处理又难防；莫成傀儡为虎伥，服务始终很正常。

上一章的答案是：1.D；2.B。你答对了吗？本章的考验又开始了，继续吧！

1. 下列哪些是拒绝服务攻击？（ ）

A. 目标机器的软件、硬件和资料被破坏

B. 使目标计算机或网络无法提供正常服务

C. 入侵目标服务器或网络设备

D. 发布木马程序

2. 你浏览的网站其服务器被攻击了，你还能继续浏览网页吗？（ ）

A. 可以，因为网站不是网页

B. 可以，因为网站和服务器无关

C. 不可以，因为网站服务器被攻击了

D. 仍可能正常浏览

黑客与红客——同为客，差距如此大？

晚上，安安认认真真地完成了自己的家庭作业，在征求父母的同意后，他高高兴兴地打开电脑，准备登录 QQ 和小伙伴们聊天，并一起愉快地在游戏世界里畅游。但是，当安安按下登录按钮的时候，一个提示密码错误的警告信息弹了出来。安安以为是自己的密码输入错误，并没有在意。不过，当接二连三地输入正确密码都不能成功登录时，安安感到非常疑惑。

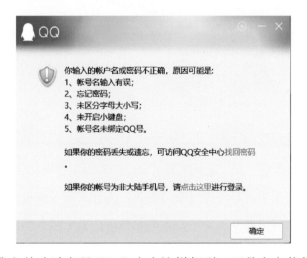

"难道我之前改过密码吗？"安安这样想到。可是安安苦苦思索后，也没有想起改密码的事情。终于，安安意识到自己的账号被盗了！安安心急如焚，账号里面有许多小伙伴的联系方式，如果丢了，自己会非常伤心。

安安急忙呼叫自己的"百事通"爸爸。爸爸连忙来到安安的卧室问道："发生什么事了？"

"我的QQ账号被盗了，登不进去，这可怎么办呀？"安安焦急地解释道。

爸爸听后安慰道："安安，先不要急。想一想，你申请账号的时候有设置过密码保护或者邮箱信息吗？"

"嗯……我想想。对，好像是有的！"

"那么事情就简单了，我们可以申请重置密码。只需要这样……再这样……"爸爸一边操作着鼠标一边说道。

经过爸爸的精心指导，安安最后重置了自己的密码，并成功登录上QQ。但是，令安安疑惑的是，自己明明没有泄露过账号信息，为什么账号却被盗了呢？爸爸听后，笑了笑："安安啊！网络世界可并不是你想象得那么安全哦！里面存在很多厉害且恐怖的黑客，他们能够使用一些非常手段入侵我们的电脑系统，从而盗取我们的信息资料，其中就可能包含你的QQ密码哟！"

"原来是这样啊！怪不得我并没有泄露过个人信息，账号却被盗了。但是，什么是黑客呀？"

爸爸欣慰一笑，连忙搬个板凳坐在安安旁边，开始耐心地给他解释："所谓的黑客，是指那些利用计算机或者网络上的漏洞，入侵他人电脑进行破坏并窃取资料的人。"

"哇，他们好厉害啊。不过，他们都是坏蛋！"

"并不是呦！一开始黑客并不是坏蛋，而是一群热衷于探索和研究计算机技术的人。但是后面出现了很多专门搞破坏的人，于是黑客渐渐地变成人们眼中的坏蛋。严格来讲，我们应该只把这些坏蛋称为黑客。"

"原来如此，这些黑客太可恶了！"

"那你想知道黑客是从什么时候开始变得令人害怕的吗？"爸爸突然问道。安安这时对黑客充满好奇，迫切地想要进一步了解，于是他使劲地点点头。

"1988年，一个名叫罗伯特·莫里斯的人在网络上植入了一个被称为'蠕虫'的病毒。"

"爸爸！这个我知道，之前全全给我说过这个'蠕虫'！它会在网络上大肆地传播和复制，破坏别人的计算机系统。罗伯特·莫里斯好像还因此受到了法律的制裁呢！"

　　"安安真棒！全全说的，你都记住了呢！是的，这件事情的影响十分恶劣，它致使黑客的道德伦理失去束缚，黑客真正成为了大众眼中的'黑客'。从此，罗伯特被称为'蠕虫之父'。"

　　"原来是这样啊！"

　　"罗伯特也算是著名的黑客之一了。世界上著名的黑客还有很多，爸爸给你讲一两个吧。乔纳森·詹姆斯就是其中之一，他在未成年时就因为黑客行为被捕了。"

　　"他干了什么事被抓了呀？"

　　"在他 16 岁的时候，他黑入了美国航空航天局，导致计算机系统死机二十几天，他也因此被判有期徒刑 6 个月。"

　　"他这么厉害吗？"

　　"他后来也多次和美国联邦调查局合作，帮助调查局抓住了网络罪犯。安安，除了这些黑客之外，其实还存在红客、怪客和极客……"

　　"这么多呀！那什么是红客呢？"

　　"和坏蛋黑客相比，红客则是好人呦。他们利用自己的知识与技术维护国家的网络安全，为国家做出了许多贡献。"

"那他们都是我们国家的英雄。"

"是的，他们不仅维护国家安全，还能对外来的攻击进行反击。例如，当其他国家的黑客恶意入侵我们国家的电脑时，这些英雄就会对他们发起反击，攻击和破坏他们的网络，使他们的系统瘫痪。"

"你能举几个例子吗？爸爸。"

"看来安安很感兴趣呢！好！爸爸就给你说一两个。你知道林勇吗？作为国内顶级的网络安全方面的专家，同时也是中国红客联盟的创始人，他曾经多次组织并参加对外反击的工作，为我国网络安全以及其他方面做出了杰出贡献。"

"嗯嗯，还有呢？"

"还有陈嘉君，他担任中国红客联盟学生组组长，主要负责红客联盟日常的督查工作，极具计算机编程方面的天赋。他们都是国家的英雄。"

"我也想像他们一样保家卫国，打跑坏蛋黑客们！"

"那安安可要努力学习知识与技术，光靠口头言语可是不行的，一定要实际行动起来。加油！爸爸看好你。"

"嗯，我一定会努力学习的。"

通过爸爸的讲解，安安了解到许多网络知识。

知识加油站

什么是黑客

黑客，源自英语单词 hacker 的音译，原意是指用斧头砍柴的工人，现在通常指利用计算机系统或者网络安全的漏洞，对其进行入侵、破坏或者窃取重要资料的人。

主要特点：精通计算机技术，拥有丰富的理论知识和强烈的好奇心，喜欢研究新知识和新技术，擅长独立思考，不屈服于权威，不轻易相信别人的观点，终身学习。

什么是红客？

红客（honker）即红旗下的黑客，特指中国的"黑客"，但和传统黑客不一样，他们不利用计算机技术入侵或者破坏系统，是一群非官方组织的维护国家网络安全、国家尊严和民族团结的人。我们将那些利用自己精湛的计算机技术为国家网络安全做贡献，或者对外来入侵者能够予以反击的个人或组织称为红客。

速记口诀

黑客技术精且高，爱搞破坏惹人恼；若问安全谁来护，红客当然少不了。

通关考验

上一章的答案是：1.B；2.D。你答对了吗？本章的考验又开始了，继续吧！

1. 黑客与红客都具有丰富的计算机理论知识与技术，那么他们之间最主要的区别是？（ ）

    A.黑客不出现在人们的视野之中　　　　　　B.他们喜欢的颜色不同

    C.黑客破坏他人的电脑系统，红客保护系统　　D.一个褒义，一个贬义

2. 小明同学有一天使用特殊手段窃取了他人的QQ密码并将他人的信息盗取，最后注销账号。请问小明同学的行为是以下哪种行为？（ ）

    A.红客行为　　　　B.黑客行为　　　　C.极客行为　　　　D.顾客行为

信息窃听——小心！隔墙有耳

安安正在玩电脑，突然跳出了一个链接，出于好奇，安安点了进去。进去之后，弹出了安装软件的提示，安安根据提示一步一步地完成安装。这时电脑上增加了一个陌生软件，但安安没有在意，继续玩着游戏。

过了几天，安安发现电脑的网速比之前慢了很多，有时候鼠标还不受控制。安安打开淘宝准备买玩具，他还没搜索，淘宝首页就推送出他最近想买的玩具。这时，安安察觉到不对劲。除了在家和爸妈说过想要这个玩具外，没有和别人说过。正当他迷惑不解的时候，门铃响了，他想起来和全全约好了下午一起玩。

全全刚进门就看到安安愁眉苦脸的，问："你怎么了，看上去不开心，发生什么事了吗？"

安安把刚刚发生的事说了一遍。

全全问："你最近在电脑上进行过哪些操作啊？"

安安说："前几天点了一个链接，在电脑上安装了一个软件。"

全全赶紧说："你怎么能随便安装陌生软件

呢？那我知道了，有可能就是你安装的软件把你电脑里的信息泄露了，你的信息可能被他人窃听了。"

安安疑惑地问："什么？我的信息被窃听了？怎么窃听的呀？"

全全解释道："窃听又称监听，原意是偷听别人之间的谈话。随着科学技术的不断发展，窃听的含义早已超出隔墙偷听和截听电话的概念。它借助技术设备和技术手段，不仅能窃取语音信息，还能窃取数据、文字和图像等信息。"

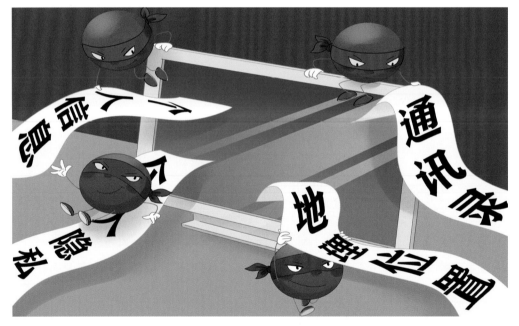

接着，安安又问："我的信息怎么会被别人窃听呢？窃听的方法有哪些呢？"

全全说："我来给你讲一讲，比较典型的窃听方法有三种。第一种是使用窃听器。坏人制造出各种各样的窃听器，并将窃听器埋设在他人的墙壁、电灯或沙发里，窃听者在很远的地方就能听到室内的谈话内容。第二种是电话窃听。窃听者只要选择好电话线的适当位置，并把微型录音机的导线插入电话线内，微型录音机就能录下电话声，于是电话中的谈话内容就被窃听了。"

安安说："这也太可怕了吧。那最后一种是什么呢？"

全全说："第三种就是网络窃听。信息窃听多应用于网络中，其窃听技术是一种与网络安全密切相关的技术。利用计算机网络接口窃听和截获其他计算机的相关数据，是信息窃听的常用手段和方法。安安你知道的，现在人们的生活离不开计算机和网络。窃听者经常利用这些技术对相关计算机进行监视和窃听，捕捉他人计算机的银行账号和密码等数据，给被窃听者带来极大的损失。"

安安问："窃听者用什么方法对我们的计算机进行监视和窃听呢？"

全全："安安这个问题问得好，窃听者会使用嗅探器。嗅探器是一种监视网络数据运行的软件，网络运作和维护会采用嗅探器监视网络，以便及时诊断并修复网络问题。但是嗅探器也会成为窃听者的攻击武器，窃取他人的信息。比如，当窃听者想利用你的计算机攻击同一网段上的其他计算机时，他首先就会在你的计算机上安装嗅探器软件，并对以太网设备上传送的数据包进行侦听，从而发现感兴趣的包，然后把它们保存到文件中。一旦窃听者截获另一台计算机的密码，他就会立刻入侵这台计算机，这样电脑里的相关数据和信息就被轻而易举地盗走啦。"

安安问："他们窃听我的信息，对我有危害，那我现在岂不是很危险？"

全全说："是的，信息窃听的危害有很多，一旦信息被窃听，垃圾短信就会源源不断，骚扰电话也会接二连三地打来；更严重的是，窃听者会利用你的个人信息诈骗其他人。"

安安着急地问："我现在该怎么办？"

全全说："不要着急，你现在按照我说的做。首先要把安装的软件在控制面板中卸载，再用杀毒软件进行查杀，直到清理干净为止。接着打开'运行'，输入'cmd'，并按回车键，再输入'netstat-an'，这个命令用于显示所有连接的端口状态，如果'外部地址'这一栏都是0的话，说明你是安全的。"

安安赶紧照做，结果证明他已经安全了。

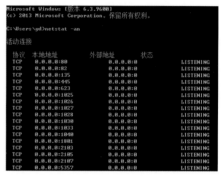

全全接着说："信息窃听还有很多典型案例，顺便给你科普一下吧！"

安安高兴地说："好呀好呀！"

全全："第一个典型案例是在1990年的海湾危机中，美国'大耳神'卫星的秘密窃听系统大显身手，它配合'卫星眼'对伊拉克战场进行持续监视，最后伊拉克坦克车指挥员间的无线电通话内容被窃听了。第二个典型案例是2018年谷歌和亚马逊被证实已有实时窃听用户说话的能力，用户完全没有搜索或浏览过的商品，只是说出来，几分钟后用户打开网页和购物网站，便可以在醒目位置看到这些商品。"

安安："这不正是我遇到的情况吗？"

全全："是的。"

安安："还有其他案例吗？"

全全："肯定有啊。第三个典型案例是被曝光的'棱镜计划'，美国国家安全局NSA（National Security Agency）和联邦调查局FBI（Federal Bureau of Investigation）潜入微软、谷歌和苹果等9家互联网公司的中心服务器，获取并追踪用户的语音、视频聊天以及照片和电子邮件等信息。我说的这些案例都是比较典型的，安安你可以了解一下。"

安安说："好的，没想到信息窃听的案例有这么多，那我们应该如何防止自己的信息被窃听呢？"

全全说："第一，如果我们需要传送重要数据，可以利用安全信道传送，这是防止窃听最有效的办法。因为在安全信道中，数据会被加密。如使用超文本传输安全协议 HTTPS（hyper text transfer protocol over sccure socket layer）访问邮件网站，数据就不会被窃听。这是因为使用安全套接字协议 SSL（secure sockets layer）建立了安全信道，而 SSL 在传输层与应用层之间对网络连接进行了加密。

第二，在日常生活中，别人发来的链接不可以随便打开，很多人就是好奇，结果'好奇心害死猫'，一点进去自己的账号就直接被攻破了。

第三，不连接免费 Wi-Fi，最好把 Wi-Fi 连接设为手动。

第四，下载软件时应该从正规的应用市场下载，尽量不要开启短信附件，要拒绝安装不知来源的应用，并对已经安装的应用多加留心。

第五，注意不要到非指定维修点修理手机和电脑，如果你对你的手机和电脑有所怀疑，应尽早到厂商指定维修点进行检测。"

安安说："全全，谢谢你帮我解决问题，还给我科普这么多知识，经过这一次，我学到了很多东西，以后我会多加注意的。"

全全说："好了，你的困扰已经解决了，我们出去玩吧。"

于是，安安和全全开心地跑出去玩了。

知识加油站

◉ 什么是信息窃听

窃听又称监听，原意是偷听别人之间的谈话。随着科学技术的不断发展，窃听的含义早已超出隔墙偷听和截听电话的概念，它借助技术设备和技术手段，不仅窃取语言信息，还窃取数据、文字和图像等信息，常运用在通话录音、GPS 定位、基站定位和手机定位上。

◉ 什么是嗅探器

嗅探器是一种监视网络数据运行的软件设备，网络运作和维护会采用嗅探器监视网络，以便及时诊断并修复网络问题。但是嗅探器也会成为窃听者的攻击武器，窃听者通过对以太网设备上传送的数据包进行侦听，从而发现感兴趣的包，窃取他人的信息。

◉ 速记口诀

信息窃听经常有，网络不畅数据丢；其实防范很容易，安全信道传数据。

在网上

筑一个安全的 窝

上一章的答案是：1. C；2. B。你答对了吗？本章的考验又开始了，继续吧！

1. 下列做法中正确的是（　　）

    A. 选择厂商指定维修点修理手机和电脑

    B. 手机没有流量了，可以连附近的免费 Wi-Fi

    C. 有陌生人让扫码，为了拿小礼品毫不犹豫地扫码

    D. 上网的时候突然跳出一个链接，为了满足自己的好奇心，点进去看看

2. 下列有关信息窃听的说法错误的是（　　）

    A. 信息窃听原意是偷听别人之间的谈话

    B. 信息窃听是攻击者对信息数据包进行伪造

    C. 信息窃听的意思是借助技术手段窃取个人信息

    D. 源源不断的垃圾短信和骚扰电话是信息窃听的危害之一

信息篡改——若要人不知，除非己莫为

　　班主任周老师给同学们布置了一个小作业，每个同学要把自己的全家福发送给老师，后面在班会的时候进行风采展示，同学们还可以上台分享自己和爸爸妈妈的趣事。

　　然而，奇怪的事情发生了……

　　安安："全全，怎么办呀，我遇到了一件奇怪的事！"

　　全全："什么事呀，说不定我可以帮助你！"

　　安安："今天早上妈妈把全家福照片放在邮件里发送给老师了。但是奇怪的事情发生了！老师说邮件里的那张照片，并不是我们的全家福，而是其他人的照片。"

　　全全："真……真的吗？怎么会发生这样的事？"

　　安安："我也不知道这是怎么做到的，于是我在网络上查了一下资料，别人也发生过这样的事情，原来这叫信息篡改！"

　　全全："信息篡改？也就是说，有人把全家福照片篡改成其他的照片？"

安安："对！我也是第一次听说信息篡改。"

全全："其实生活中有许多信息篡改的案例，例如，十分普遍的网页篡改和成绩篡改等。"

安安："到底是怎么篡改信息的呢？"

全全："别着急，我们一起来学习一下。你记得把全家福重新发给老师哦。"

原来安安和全全遇到了信息篡改呀，信息篡改到底是什么呢？一起来看看吧！

在安安通过网络给全全发送信息的过程中，可能会有"坏人"窃听信息，"坏人"通过攻击手段获取信息，删除或修改部分或全部内容后，再将信息发送给安安，这样安安接收到的信息就是被篡改过的。

例如，安安给全全发送消息："全全，记得晚上8

点前交语文作业！"而全全收到的内容是"全全，老师说语文作业不交了！"全全收到了被篡改后的信息，导致作业没有被提交。

安安："全全，你有遇到过这样的情况吗？点击一个网站，却跳转到另一个网站。"

全全："啊！这个我遇到过！比如我想进入'百度'这个网页。"

全全："但是点击链接之后却跳转到其他的网页。"

安安："这就是网页被篡改啦！网页是如何被篡改的呢？我来告诉大家！"

在之前的网页中，有用户上传了木马文件或者其他病毒文件，攻击者通过访问该脚本文件篡改网站，首页的标题描述都被篡改成其他的内容。这样，当我们访问这个网页时，就会跳转到篡改后的网页。

网页要想防篡改，可以使用杀毒软件扫描漏洞，杜绝木马和病毒，以及可能存在的脚本攻击。

安安："全全，还好我遇到的只是篡改全家福照片。听说信息篡改还能造成重大财产损失呢！"

全全："现在的网络陷阱也太多了吧！怎么还会造成财产损失呢？"

我们的爸爸妈妈常常收到银行的短信，如果有一天突然收到这样的内容：

那么爸爸妈妈一定会去银行的网站修改密码，若是银行网页被恶意篡改了，那么我们修改的密码也将泄露，这样不法分子就能趁机转走账户里的钱，造成财产损失！

信息篡改还有其他的危害。

1. 被恶意篡改的文件和图像，经过传播，会影响大家的判断，甚至会对社会和国家造成不良的影响。

2. 网络上的信息数据被篡改，破坏了信息数据的完整性，会影响我们生活的方方面面，我们通过网络所接触到的世界，可能并不真实。

接下来给大家介绍一下信息篡改的典型案例，都是真实发生过的哦！

1. 一天，警察叔叔接到一个停车场管理员的报案。管理员称，停车收费数据常常自动删除，并没有人操作过电脑。

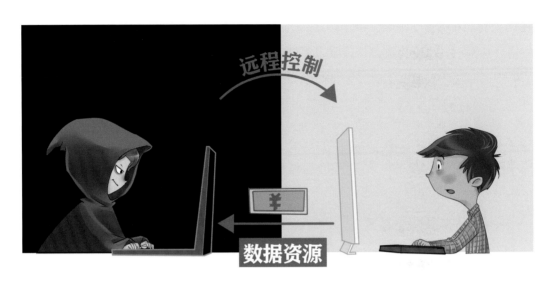

经过警察叔叔的侦察，这个停车场的数据管理系统被黑客悄悄装入了"远程控制软件"，这样黑客就可以远程控制收费室的电脑，对电脑中的数据进行修改和删除等操作。犯罪分子就是通过这个办法偷偷敛财的。

2. 2018年底，有犯罪分子利用系统漏洞篡改电脑中的数据，并且非法买卖电脑中的数据资源，这起案件最终被广州的警察叔叔侦破啦。不过中间有点小插曲，因为系统的网络日志没有保存好，阻碍了警察叔叔的办案进度。网络日志就相当于我们平时写的日记，很多企业每次使用系统时会进行记录，这就是网络日志哦。

全全："安安，信息篡改危害这么大，有没有防治的办法呀？"

安安："有的哦！据说还有很多种方法，但是对于我们来说，最简单的方法就是给电脑安装杀毒软件，常常给电脑杀毒和扫描，防止别人给我们的系统安装木马和病毒。"

全全："有道理！平时我们发送信息的时候还要注意一下网络的安全性，不点击未知的链接。"

安安："对的，在商场和餐厅这些公共场所的网络中，我们尽量少发送重要的信息和文件，防止数据被篡改。"

防止信息被篡改更专业的方法是利用消息认证码（message authentication code,

MAC）确认信息的完整性和来源。在通信时，发送方会把鉴别码放入信息中，同时将信息加密后发送给接收方；接收方对解密得出的信息计算鉴别码，并比较计算得出的鉴别码和接收到的鉴别码，如果两个鉴别码一致，则说明传输的信息没有被篡改。

知识加油站

○ 什么是信息篡改

在我们发送信息的过程中，可能会有第三方窃听信息，第三方通过攻击手段获取我们传输的信息后，删除或修改部分或全部内容，再将信息发送给对方，造成我们发送的数据和对方接收的数据不一致，这就是信息篡改。信息篡改也是"中间人攻击"的攻击方式。"中间人攻击"通过DNS欺骗、会话劫持或代理服务器可以实现信息篡改。利用消息认证码可以有效防范信息篡改。

○ 中间人攻击（man-in-the-middle attack，MITM）

第三方拦截正常的网络通信数据，并对其进行数据篡改和嗅探，而通信的双方却不知情。

○ 消息认证码（message authentication code，MAC）

消息认证码由特定的算法得出，可以检查信息是否被篡改过，用于确认信息的完整性和来源。

○ 速记口诀

你我通信被窃听，信息篡改悄咪咪；敏感数据要认证，未知链接勿点击。

上一章的答案是：1. A；2. B。你答对了吗？本章的考验又开始了，继续吧！

1. 安安给全全发送了一本电子书，但是全全收到后发现电子书少了很多页，还多了一些垃圾广告。这属于通信安全中的什么风险呢？（　　）

　　A. 信息窃听　　　　B. 信息篡改　　　　C. 安全漏洞　　　　D. 信息伪造

2. 以下哪个选项可能导致信息被篡改？（　　）

　　A. 通信时加密数据　　　　　　　　B. 在公共场所收发重要数据

　　C. 常用杀毒软件检测病毒和木马　　D. 不点击来历不明的链接

信息伪造——真的假不了，假的真不了

今天，安安正开心地用微信和好朋友全全聊天，突然收到了一则短信。

安安立刻打开短信阅读起来："尊敬的电信用户您好，您的账号显示状态异常，请于 24 小时内进入 www.188.cn 完成信息确认，否则将被列入黑名单。"

看到自己可能被列入黑名单，安安一下就慌了，立刻点击了链接中的网址。刚进入网页，就弹出来一个身份认证平台，需要安安填写自己的真实姓名、身份证号和银行卡账号等重要信息。

安安正准备填写时，全全恰好打视频电话过来："安安，在做什么呢，怎么一直不回我消息呢？"

安安："不好意思噢全全，我刚刚收到一条短信，说我账号显示异常，我忙着确认信息，就忘了回复你。"

全全："咦？怎么会账号异常呢，能把短信给我看看吗？"

安安立刻把短信转发给全全。

全全看了一下这则短信，发现其中的链接居然是 www.188.cn，就明白这是怎么一回事儿了。他对安安说："安安，千万不要点这个链接！这是坏人模仿电信营业厅网站而伪造出来的虚假网站，虽然它们的界面看起来几乎没有区别，但是网站的域名是无法伪造的，这则短信中的域名是 www.188.cn，然而，真实的电信营业厅域名应该是 www.189.cn。一定是有坏人为了骗取你的重要信息而发了这条短信！"

安安听完吓出一身冷汗，赶忙关闭了这个虚假网站，说："真是太吓人了，全全，还好你及时制止我！"

原来这次安安和全全遇到了信息伪造，那么，信息伪造到底是什么呢？一起来看看吧！

安安收到的这条短信就是伪造的信息，是坏人利用人们害怕账号被盗的心理而制作的短信，里面包括假的网站链接。这种模仿真实网站伪造出的网站页面与真实网站界面几乎一致，它们通常伪装成银行或电子商务，以达到窃取用户提交的银行账号和密码等私密信息的目的。

全全对安安说："如果你轻信了这则伪造的信息，点开了这个坏人模仿真实网站伪造出的网站并填写了重要的信息，如身份证号和银行卡账号等，就会被盗取各种信息，甚至可能造成严重的金钱损失。其实，这种伪造的方法属于典型的钓鱼攻击，它常常引导我们在这些网站界面和真正网站几乎相同的假冒网站中输入数据，窃取我们的隐私信息。"

安安点点头，又好奇地问道："原来如此，那么坏人是怎样诱导我一步步上当的呢？"

全全解释道："我们在面临诱惑和突发情况时，容易头脑发热，丧失理智。坏人正是利用了这个特点，设计了心理学骗局。"

全全又补充道："安安，还好你没有把自己的真实信息发送到这个伪造的网站里。听说信息伪造使一些人在信息泄露后上当受骗，银行卡都被盗刷了呢！"

安安："啊，真是太可怕了。但是，这些坏人是怎么利用我的信息盗刷银行卡的呢？"

这里给大家讲一个真实发生过的故事。

小瓜是一个网购达人。近日，他在网上买了一件衣服。但是刚下单不久，小瓜就收到"客服"打来的电话，说他购买衣服的支付宝账号被冻结，导致交易不成功，需要给他退款，并要求小瓜加微信进行退款指导。

由于"客服"准确地说出了小瓜的姓名、电话以及收货地址等信息，所以小瓜并未怀疑对方的"客服"身份。之后，"客服"在微信上发给小瓜一个退款链接。小瓜点击打开，并把支付宝和银行账户等所有信息填了上去。没过多久，这名"客服"便刷走了小瓜账户里的4万多元钱。

这类骗术的关键之处在于套取买家的账户密码，从而进行盗刷。所以，我们不要将自己的真实信息发送给任何非官方的平台和个人。

除了刚刚网购达人小瓜被盗刷银行卡的案例，信息伪造造成经济损失的例子还有不少。

近段时间，某网购软件的"砍价"活动十分风靡，只要邀请微信好友在相应页面中输入自己的姓名及手机号码，产品的价格便会相应减少。于是，小梅也参加了"砍价"

活动。

小梅经过一周的努力，终于将原价 5888 元的手机砍到 998 元。可是小梅付完款，收到快递之后，拆开发现里面居然是山寨手机。这个案例告诉我们，在网购时一定要注意网店是否正规，最好在大平台的旗舰店购买商品。

信息伪造除了可能造成经济损失，还有一些其他危害。

1. 随着技术的进步，信息伪造已经不只是制作虚假的文字内容，其已经发展出视频伪造、声音伪造和微表情合成等多种欺骗技术。目前，实现音频伪造最为常见的方法是"语音克隆"，如电话诈骗。

2. 现在网上流传着许多关于明星和政客等公众人物的假视频，不法分子传播这些假视频，可以进行国家间的政治抹黑、军事欺骗、经济犯罪甚至恐怖主义行动。

安安："全全，信息伪造危害这么大，有没有防治的办法呀？"

全全："当然有的，伪造的信息虽然与真实的信息十分相似，但是，真的假不了，假的也真不了！当我们收到陌生邮件的时候，如果附带了网址链接，一定不要轻易点开，可以先复制下来，然后去百度搜索官方网址，如果两个地址不同，可以选择举报这封邮件。"

安安："好的！我以后在网络上，一定多注意信息的真实性！"

全全："这样才对！另外，数字签名也可以有效防止信息伪造，这是一种用于身份认证的签名，使用了公钥加密技术，只有信息的发送者才能够产生这样一段数字串，其他人难以伪造出正确的数字签名。因此，数字签名是防止信息伪造的重要方式之一。"

近些年十分出名的区块链技术就用到了数字签名的原理，区块链对于防止信息伪造也有一定作用，因为它的特点——可溯源和分布式账本，使得其他人无法轻易伪造信息。

虽然有这些方式可以帮助我们避免遭受信息伪造的攻击，但我们仍应树立良好的防范意识，一定不能轻信坏人，对于来路不明的短信、邮件和网络链接要警惕起来，不要轻易点击。常言道"防人之心不可无"，只要我们掌握好网络安全知识，三思而后行，坏人就很难骗到我们。真的假不了，假的也真不了！

知识加油站

什么是信息伪造

信息伪造也叫做内容投毒（content poisoning），是互联网特有的攻击形式，一般指攻击者对信息数据包进行伪造，伪造的数据包与正常的数据包拥有相同的安全标识符（security identifiers，SID），但是内容是伪造的，并不能为服务请求者提供相应的服务，反而可能导致用户最终的请求服务失败。

数字签名如何防止信息伪造

数字签名（digital signature）又称公钥数字签名，运用了公钥加密技术，一套数字签名通常会定义两个互补的运算，一个用于签名，另一个用于验证。它的作用是证明某个文件的内容确实是本人所写的，别人不能伪造签名，而本人也不能否认上面的签名不是自己写的。

速记口诀

短信邮件勿轻信，官方渠道最可靠；数字签名防伪造，假的永远真不了。

上一章的答案是：1. B；2. B。你答对了吗？本章的考验又开始了，继续吧！

1. 安安向全全发送数字签名消息 M，下面不正确的说法是（　　）

　　A. 安安可以保证全全能收到 M　　　　B. 安安不能否认发送过 M

　　C. 全全不能伪造或改变 M　　　　　　D. 全全可以验证 M 确实来自安安

2. 安安向全全发送的数字签名可以做到（　　）

　　A. 防止通信被窃听　　　　　　　　　B. 防止全全抵赖和安安伪造

　　C. 防止安安抵赖和全全伪造　　　　　D. 防止窃听者攻击

14

防火墙——筑起新的长城

夏日炎炎，学习告一段落，学校迎来了暑假。

安安和爸爸妈妈来到首都北京，在欣赏了颐和园的园林风景之后，他们踏上了世界闻名的万里长城。

站在城墙上，安安被眼前的宏大景观震惊了，仿佛脚下陈旧的砖石都透着一股磅礴气势。

导游举着小红旗，走在队伍的前方，解说道："第一座长城修建于春秋战国时期，列国之间为彼此防范，便在国土相交的地方搭建起烽火台，并用城墙连接起来。这一军事防御手段，也被后来的人效仿延续，逐渐形成了蜿蜒几万里的'万里长城'。由于地势不同，险峻崎岖的地方其城墙便修筑得比较低，平坦的地方便修筑得比较高。"

听着导游的科普，安安往扶手外一看，感慨道："城墙好高啊！"城墙整体高度近十米，从高台上望下去，甚至有些眩晕。

"长城不仅是闻名世界的景点，也被誉为历史上最伟大的军事防御工程。它并不只是一堵简单的城墙，这面墙将长城沿线的军事重地连接成一张严密的网，形成了一个完整的防御体系。"

导游话落，爸爸告诉安安："在网络世界里，也有像长城一样的防御体系，但它有一个新的名字——'防火墙'。"

看着安安好奇的神情，爸爸继续说道："它更像是修筑在两个网络之间的一座长城。"

安安应道："网络之间？"

"是的！"爸爸看着安安说道，"防火墙修筑在被保护的网络和外部网络的中间，由计算机软件与硬件组成，是内部网络的保护神，宛如一道安全屏障。"

安安似懂非懂地点点头。

爸爸继续问道："安安，城墙将国家保护起来，那想要进来的人该找谁呢？"

安安想了一会儿，回答："守城的士兵。"

爸爸同意道："那守城的士兵又凭什么判断可不可以放他进来呢？"

"我不知道，但我上学的时候，老师都会检查我的校牌，上面有我的照片和名字。"安安一边说着，一边苦恼地挠挠头。

爸爸笑了笑："古时候的人也有像校牌一样的通行证，用于标识他的身份，这样士兵就知道可不可以放他进去了。同样，在网络世界中当墙外产生访问行为时，就像有人想要进入墙内，防火墙就会检查它的通行证，判断是否允许它访问，从而过滤墙内外网络之间的数据传输。这就是防火墙的过滤与控制功能。"

安安点点头。爸爸带着安安走向烽火台："古时候，狡猾的敌人总是对我们虎视眈眈，筑起长城之后，士兵对敌人的动向密切侦察，抵御了他们的攻击。而网络信息安全中的防火墙也有很多危机预防功能，例如，记录往来的访问信息、封锁网络中禁止的行为和拒绝特殊站点的访问等。"

爸爸一边讲，安安一边在心里理解着："爸爸，我有一个问题。网络世界的防火墙只有一个吗？"

爸爸回头望着安安："不是的。安安你看，修建在不同地方的长城用于抵御不同的敌人，根据当地的地理变化也会有不同的防御措施。同样，网络空间中需要抵御的危险也各有不同，所以在不同位置可能需要修筑不同的防火墙。其中，最主要的是网络防火墙和个人防火墙。个人防火墙安装在个人电脑中，它可以防止电脑中的信息被侵袭。而网络防火墙则部署于内部网络与外部网络之间，它可以防止内部网络中的服务器受到外部攻击。"

听到这儿，安安突然想到："爸爸！我也想为我的电脑修一个长城。这就是您说的个人防火墙，对吗？"

爸爸回答道："对！安安，你这个想法非常重要！因为个人防火墙是保护我们电脑的关键，计算机与网络的所有通信都需要通过这面墙，所以作为电脑使用者，我们必须安装它！"

安安听着爸爸的讲解，神情专注。

爸爸继续补充道："关于网络防火墙，还有一个很有意思的小知识哟，安安。有一种特殊的网络防火墙，它被称为'防水墙'。"

安安皱起小眉毛："防火墙？防水墙？哎呀，爸爸！你快给我讲讲，这是怎么回事呢？"

看着安安好奇的小脸蛋，爸爸娓娓道来："哈哈哈，安安你还记得吗？刚刚我们说道，网络防火墙的作用是抵御墙外的攻击。但对于墙内的安全问题，它就没那么专业了。防水墙却恰恰弥补了这一点，它可以避免网络服务器遭受内部攻击，也可以防止内部信息泄露。这下你知道了吧？"

"爸爸，我知道了，原来网络空间里有这么多长城在保护我们的电脑啊！"安安在心里默默记下防火墙与防水墙，并想起自己的计算机，仿佛能看见其周围围绕着一座密不透风的长城，还有墙外气急败坏的病毒和黑客们。

天色已经不早了，导游开始召集大家前往下一个景点。

安安回头不舍地看着长城，它默默地矗立在那里，守护着一方平静，背景是天边殷红的晚霞。此刻，安安好像隐约听见将士们与敌人厮杀时的呐喊。

知识加油站

什么是防火墙

将只有我们可以访问的网络（内部网络）和大家都可以访问的网络（公众访问网络）分开的网络安全系统。

防火墙的主要类别

①个人防火墙：存在于个人电脑中，用于防止电脑中的信息被外部非法获取。

②网络防火墙：存在于内部网络与外部网络之间，用于防止外部攻击内部网络中的服务器。

什么是防水墙

一种可防止内部信息像水一样泄漏的安全产品。它对信息泄露途径进行全面的防护。信息泄露途径包括：网络、外设接口、存储介质和打印机等。

速记口诀

火从墙外来，水自墙内去；要想保安全，部署须仔细。

上一章的答案是：1. A；2. C。你答对了吗？本章的考验又开始了，继续吧！

1. 下列哪个是防火墙最重要的行为？（　　）

　　A. 数据过滤　　　　　　　　B. 防范内部攻击

　　C. 日志记录　　　　　　　　D. 问候访问者

2. 防水墙的作用是什么？（　　）

　　A. 防止有水进入计算机　　　B. 防止外部对内部进行攻击

　　C. 防止黑客入侵　　　　　　D. 防止内部信息泄漏

入侵检测——莫伸手，伸手必被捉

　　北京之行很快就结束了，安安回来后想起信息技术老师之前布置的任务：每位同学在下学期开学的时候分享一件暑期有趣的事情，可以以幻灯片的形式进行分享。安安怀着无比激动的心情，准备将令人难忘的北京长城之行给同学们做一次分享。

安安迫不及待地将相机里的照片都传到电脑上，并挑出最具长城特色的照片做成了一个精美的幻灯片，还配上了背景音乐。他非常开心，准备将做好的幻灯片拷贝到自己的U盘里，当插上U盘时电脑弹出了提示，告知U盘存在问题，但安安一时没有在意。过了几分钟，突然电脑屏幕上面窗口一个接一个地弹出，怎么都关不完，这时安安开始慌了，他急忙向全全打电话问道："全全，我的电脑屏幕突然一直弹出浏览器窗口，我应该怎么办啊？"

全全："安安，你先别慌，你的电脑是不是中毒了啊？你刚刚都干了些啥呢？"

安安："我前两天去爬长城了，回来我想起老师之前布置的分享任务，所以我刚刚将做好的幻灯片拷贝到了U盘上。"

全全："噢，原来如此！你的电脑肯定中病毒了，你的U盘之前在某台电脑上染上了病毒，然后将病毒带到了你的电脑上。你先用电脑管家查杀一下试试呢，它有类似入侵检测的功能，应该可以发现你的电脑上的病毒！"

安安："全全，入侵检测是什么呀？这么厉害吗？"

全全："安安应该知道防火墙的作用吧？简单来说，我们可以将防火墙比喻成我们的海关，那些想偷渡的坏蛋（防火墙可抵御的网络攻击）因为没有签证和护照，所

以不能通过，被阻挡在内网之外。但是间谍（防火墙不能抵御的网络攻击）可以伪造护照和签证，从而成功通过海关（进入内部网络）。间谍进入海关后一旦出现作案行为，就会被警察叔叔逮捕（被入侵检测系统检测出），这里的警察叔叔就相当于入侵检测系统。也就是说，入侵检测系统可以监视被防火墙所漏掉的外部网络攻击、内部网络攻击和误操作，达到及时防护的效果。"

安安："全全说得有点粗略，能给我具体讲讲入侵检测系统的功能吗？"

全全："其实呢，我们的入侵检测系统主要包括五个功能，分别是监控与分析用户和系统的活动、审计系统的配置和弱点、识别攻击的活动模式、检查关键系统和数据文件的完整性以及对反常行为模式的统计分析。总体来说，就像检查房间是否发生了盗窃，第一个功能就好比监视用户的房屋以及用户的行为，第二个功能是检查用户房屋门窗，第三个功能是判断来的是小偷还是强盗，第四个功能是检查家中财物是否还在，第五个功能是对异常行为的统计。"

安安："全全，听你这样讲，感觉入侵检测系统确实有点厉害！你能给我再讲清楚一点吗？我好想知道入侵检测系统具体是怎么工作的哦！"

全全："通常呢，入侵检测分为三步，第一步是信息收集，收集的内容包括系统、网络、数据和用户活动的状态和行为；第二步是信息分析，它是入侵检测过程中的核心环节，通常包括模式匹配、统计分析和完整性分析三种技术手段；第三步是告警与响应，系统根据攻击或事件的类型和性质，通知管理员（被动响应）或者采取一定措施（主动响应）阻止入侵。"

安安："全全，你刚刚讲得太专业了！我有点听不懂，你能给我再讲明白一点吗？"

全全："其实呢，入侵检测过程和我们的刑警办案差不多。首先是信息收集，就像我们警察局的警员，不管是坐着巡逻车在街上巡逻，还是上门排查，还是通过监控录像查看发生的一切，都是一个收集信息的过程。其次是信息分析，当收集到这些信息后，入境检测系统会对所有信息进行分析，就像我们在悬疑电影里面看到的那样，刑警们会在墙上钉满嫌疑人照片，并画出各种关系线，包括地点、时间和作案动机等。最后是告警与响应，分析完并确认嫌疑人有问题后，一般会有两种解决方法，第一种是针对问题比较轻的情况，刑警只是向公诉机关提出诉讼，并对嫌疑人发出警告（被动响应）；第二种是针对问题比较严重的情况，此时警察局会直接派人抓捕嫌疑犯（主动响应）。"

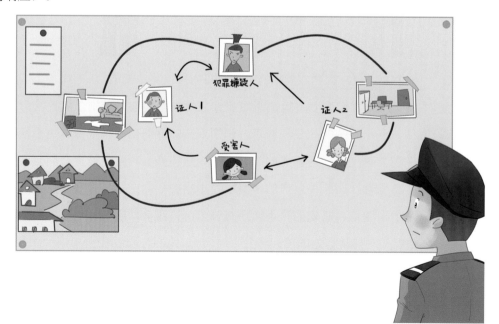

安安："全全，我们怎么判定一个入侵检测系统的好坏呢？就好像每个警察叔叔的工作能力都有所不同。"

全全："嗯，安安这个问题问得非常好！一般情况下，我们是通过准确性指标衡量一个入侵检测系统的好坏，即检测率、误报率和漏报率。检测率是指被监视的网络在受到入侵攻击时，系统能够正确报警的概率；误报率是指把正常行为误作为入侵攻击并进行报警的概率；漏报率是指网络受到攻击时，系统不能正确报警的概率。"

安安："噢！原来中间还藏有这么多奥秘，以后我使用电脑时一定要小心一点，电脑中毒真的是防不胜防啊！谢谢全全今天给我科普了这么多新知识。"

全全："对呀！通过此次教训，我们平时一定要正确使用电脑，点击之前先看清是什么，不然一不小心就会掉入'毒坑'。"

知识加油站

什么是入侵检测

入侵检测（intrusion detection）是对入侵行为的检测。通过收集和分析网络行为、安全日志、审计数据、从其他网络上可以获得的信息以及计算机系统中若干关键点的信息，它可以检查网络或系统中是否存在违反安全策略的行为和被攻击的迹象。入侵检测提供了对内部攻击、外部攻击和误操作的实时保护，在不影响网络性能的情况下能对网络进行监测，因此被认为是继防火墙之后的第二道安全闸门。

入侵检测的作用和功能

作用：实时保护（内、外攻击与误操作）；震慑潜在的攻击者；对防火墙进行防御补充。

在网上
筑一个安全的 窝

功能：监控与分析用户和系统的活动；审计系统的配置和弱点；识别攻击的活动模式；检查关键系统和数据文件的完整性；对反常行为模式的统计分析。

○ 速记口诀

网上链接勿乱点，安装之前擦亮眼；一旦小偷窃进门，入侵检测威力显。

上一章的答案是：1. A；2. D。你答对了吗？本章的考验又开始了，继续吧！

1. 下列网络安全技术中，能够对内部攻击、外部攻击和误操作进行实时保护的是
（　　）

　　A. 防火墙　　　　B. 端口扫描　　　　C. 入侵检测　　　　D. 杀毒软件

2. 入侵检测系统的作用不包括（　　）

　　A. 实时保护　　　　　　　　B. 提前检测攻击行为

　　C. 震慑潜在的攻击者　　　　D. 对防火墙进行防御补充

身份认证——没有"身份"，恕不接待

暑假再次来临，上一次安安跟爸爸去了万里长城，领略了长城的恢宏气势，在这个炎热的夏天，沁人心脾的九寨沟可是一个很好的选择呢。安安和家人早早地准备好来到高铁站，但安安拿着爸爸的身份证，而爸爸却拿了安安的身份证。在通过自助检票口时，因为证件不符无法通过检票，安安只能向爸爸求助，爸爸很快就发现了问题并交换了身份证。安安没多想，便和家人开始了愉快的暑假旅行。

愉悦的旅程结束之后，安安回到家第一件事就是将自己看到的大自然奇观分享给自己的好朋友全全。安安拿出爸爸的手机，准备打电话约自己的小伙伴聊天。诶！有意思的来了！当安安拿起手机，发现屏幕闪动了一次并提示"未能正确识别面孔！"安安心想："难不成爸爸的手机还能认识我？我去找爸爸试一试！"安安拿着手机来到爸爸面前，趁爸爸不注意将手机拿到爸爸面前。诶！解锁成功了！安安心存疑惑，但是心中一直想着和全全分享自己的愉快旅程，便急忙去和全全通话，约着和他见面聊天去了。

见到全全后，安安分享了出门旅行时的所见所闻，讲得那是一个眉飞色舞。当讲到自助检票时，安安疑惑地抠了抠小脑瓜，身份认证不对怎么就一直进不去呢？后面的小朋友都盯着我看，好尴尬。

"这个呀，实际就是一个身份认证的例子，上车前需要先检票，只有持本人身份证和相应车票的乘客才能通过检票口的身份认证。这是身份认证中的多因子认证，就是在认证的过程中涉及两个及以上的信息。动车检票认证是一个包括了三个信息的多因子认证，即身份证、车票和刷脸时用到的我们的面部特征信息。"

说到面部特征，安安想起爸爸手机上的人脸识别解锁，连忙问道："全全，手机的刷脸解锁是不是也是一个身份认证的例子呀？感觉好神奇呀！"

"安安真聪明哦，现在流行的人脸识别是身份认证的经典例子哦！简单来讲，人脸识别就是预先将你的面部特征收集起来，刷脸的时候就用屏幕前的面部特征去匹配已收集到的面部特征，看是不是能够匹配上。"

"既然说到这里，我先给你科普一下电脑中的身份认证吧！生活中主要通过我们知道的、拥有的或具有的信息来进行身份认证。比如我们去银行取钱的时候，需要提供我们拥有的银行卡和我们知道的银行卡密码，这也是一个多因子认证的例子。又比如你爸爸的手机就需要提供你爸爸具有的面部信息才能解锁。"全全继续说道。

安安说道："上次我的一个同学告诉我，她的QQ号被盗了，那一天可把她愁的，好在最后又找回来了。这个QQ号被盗是怎么回事呢？也是身份认证的例子吗？"

全全回答道："QQ登录就是一个基本的身份认证，是口令登录的例子。QQ号会被盗的原因之一是密码设置得较弱，可以通过设置复杂的密码来提升安全级别，密码最好同时包含字母、数字和符号。相比较而言，基于口令的身份认证的安全等级就相对低一些哦。"

"安安快来，我们一起去认识一下网络世界的身份认证之城，认识一下网络中的身份认证吧！"

安安和全全打开电脑并输入密码，来到了身份认证之城的城楼下。

"全全，你快看，这个城看起来好别致呀，城中建筑鳞次栉比！"安安说道。

全全："这边有一个像指示牌一样的东西写着'身份认证之城'，看起来这就是身份认证之城的入口了。"

安安："还有点期待在这个地方我们能学到新的知识呢！"

全全："走吧，我们快进去瞧瞧。"

（城门口处）

"您好，进城前请刷卡认证身份！"

"刷卡？全全，我们刚到这儿，刷什么卡呢？要不试试家里的门禁卡？"

（拿出门禁卡尝试刷卡）

"嘟嘟——身份不符，请退出！"（警报器）

"诶？这是怎么回事呢？怎么才能进城呢？"

"安安，你这就不知道了吧，这就是身份认证之城的特色所在了，它是一座严格实施身份认证的城市。走吧，我们先去做一个入城登记！"

（登记完成，领到携带个人信息的入城身份卡）

安安："这么一张小卡片，能有什么用呢？有了这张卡就能进城了？"

"这就是身份认证的魅力了。在这座城中，这张卡就好比我们生活中的身份证，通过这个卡片，就可以完成我们的身份认定，这是保证这座美丽城堡安全的第一步，如果我所料不错的话，进城之后还会有其他的身份认证哦！"

"原来如此呀，那这个认证是怎么实现的呢？"安安问道。

"我们入城登记就是将我们的信息登记到这张卡片上，城门审查环节就是核对我们是不是已经完成入城登记，登记好了就可以进城啦，整个过程就是一次基本的身份认证。这就好比我们刚刚打开电脑时的用户登录，只有系统用户才能使用电脑，这张信息登记卡将我们的信息注册到身份认证之城后，我们就是身份认证之城中的系统用户了，这样我们就有资格入城游玩了！"

“哦耶！全全，我们快进去逛逛吧！”

（进城）

“病毒防控指南，看一看，瞧一瞧，防毒你我都在行！”（吆喝）

（阅毕）

“读完病毒防控指南，感觉自己也是一位防毒小专家呢，嘿嘿。”安安说道。

“全全快看，那边有一个叫‘用户’的大文件，我们去看看里面有什么好玩儿的内容吧！”

“好，我们快过去看看吧！”全全应声道。

“诶，这是怎么回事呢？我们怎么什么信息也看不到呢？”

“我们的信息虽然被注册到城中，但是我们的身份权限不足以访问涉及其他用户的文件，这就是为什么我们不能看到文件内容。”

“啊？这又是为什么呢？”

“这个和电脑中授权其他用户访问文件的情况相类似。我们在城门登记就好比在电脑中注册新的系统用户，但是并不具有阅读含有敏感信息文件或文件夹的权利，除非单独赋予我们访问权限，或者将我们添加到能访问该文件或文件夹的用户组中，这样我们才能阅读文件内容，电脑中的系统用户创建和授权也是这样的。”

“那好吧。全全，我好累呀，我们找个地方休息会儿吧。”安安噘了噘嘴说道。

“好，那我们去这家茶馆休息一下，顺便给你讲讲更多身份认证的故事吧。”

知识加油站

○ 什么是身份认证

身份认证（authentication）就是身份验证，又称"验证"或者"鉴权"，是通过必要的手段或基于特定的信息证实客户的真实身份与其所声称的身份是否相符的过程。

○ 身份认证主要基于用户的下述三种信息

1. 所知道的："账号＋口令"就是这种方式。

2. 所拥有的：典型应用是身份证、公交卡和门禁卡。

3. 所具有的独有特征：如指纹和人脸特征等，典型应用是人脸识别，即刷脸。

基于两种或以上上述信息进行的身份认证被称作多因子认证，其主要用于对安全要求较高的系统或业务，如银行系统就采用了口令（所知道的）＋银行卡（所拥有的）双因子认证方式。

通关考验

上一章的答案是：1. C；2. B。你答对了吗？本章的考验又开始了，继续吧！

1. 以下哪个情景属于计算机中的身份认证呢？（   ）

　　A. 电脑关机　　　B. 浏览百度首页　　　C. 打开电脑文件夹　　　D. 电脑QQ登录

2. 你认为全全和安安通过城门身份认证的入城身份卡不需要绑定哪个信息呢？

（   ）

　　A. 来访人寸照　　　B. 来访人姓名　　　C. 来访人性别　　　D. 衣服颜色

访问控制——越权操作，恕难从命

假期结束，安安和全全已经开学两周了。

信息技术课上，老师问道："哪位同学告诉老师，上周我们学习了什么？"

安安举手回答："报告老师，我们学习了如何新建文件、保存文件和移动文件。"

老师："没错，还有补充吗？"

全全："还有在文件里面录入文字。"

老师："大家都很棒！老师要测试一下同学们是否都还记得关于文件的这些操作。"

老师："老师在每台电脑上都上传了一个文件，要求大家打开文件，并在文件的末尾写上自己的名字，然后保存，等会儿老师来检查，有问题的同学举手哟！"

同学们："好。"

不一会儿，就有同学举手了。

安安："老师，我的文件一直打不开，电脑还一直弹出提示框，是不是电脑坏了呀？"

接着又有同学举手说："老师，我的文件里面不能写我的名字。"

全全："老师，我完成了！"

老师："好的，同学们，都先停下来。听老师讲，电脑都是没有问题的，为什么会出现一部分同学完成了，而另一部分同学的文件不能被打开或者不能被修改呢？"

老师："其实是因为老师对这些文件进行了'访问控制'设置。访问控制就是对使用的资源（如文件和文件夹）进行权限设置，以确保用户没有越权操作。这相当于给这些文件分别'上锁'，要解锁呢，就必须用配对的钥匙，而解锁这些文件的钥匙就是获取相应的权限。"

"例如，安安的文件不能被打开，是因为老师将他的文件权限设置成'拒绝读取'，如果将权限修改为'允许读取'，就可以正常打开文件啦。"

"而有些同学的文件不能写名字进去，是因为老师将他们的文件权限设置成'拒绝写入'，如果将权限修改为'允许写入'，就可以修改文件里面的内容啦！"

"大家想想：访问控制的权限设置是不是就相当于上锁和解锁的过程呀？"

"哇，真神奇！"同学们惊叹道。

全全问道："老师是如何设置的呢？"

老师："来，大家看老师的共享屏幕。"

"选中文件，右击鼠标，先选择'属性'，再选择'安全'，点击'编辑'，就会弹出文件的权限对话框，然后就可以对文件进行权限设置啦。"

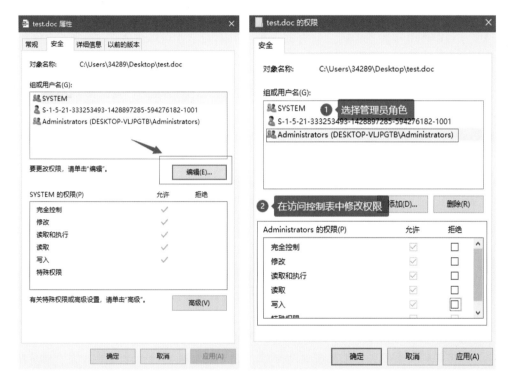

"用于修改权限的这个表叫做访问控制表。访问控制表是一个关于文件访问控制的权限集合表。用户对这个文件进行操作的时候，计算机系统会根据这个表来查看用户是否有相应的权限。"

老师："在表中，大家也可以看到，除了上述老师讲的读取和写入权限以外，文件的权限还包括修改和完全控制。"

"其中，完全控制是老大，如果'允许完全控制'，则允许对文件做任何操作，即可以读取、写入、移动、复制和删除文件等。修改是老二，如果'允许修改'，则允许对文件的内容进行读取和写入等。"

全全说道："哦，这样的话，如果我将日记写在文件里，然后设置爸爸妈妈的权限为'拒绝读取'，那爸爸妈妈是不是就不能随便看我的日记啦？"

"对的，全全的迁移能力真棒！这也是访问控制的目标，保护重要文件，防止用户越权操作，防止重要机密泄露。"

"在现实生活中处处都是访问控制的应用。例如，为了防止外人进入，只有用教师的卡才可以刷开实验室的门，只有拥有校园卡的同学才可以进入图书馆。"

"哦哦。"同学们纷纷点头。

看到同学们都已经了解访问控制的操作与应用，老师说："接下来，请同学们自己操作一下，看看这些文件权限是怎样设置的吧。"

知识加油站

◉ 访问控制

对使用的资源进行权限设置，如读取、写入、修改和完全控制等，以确保用户没有越权操作，防止机密信息泄露。访问控制通常用于计算机系统管理员限制用户对服务器、目录和文件等资源的访问。

◉ 访问控制表（ACL）

这是一个关于使用的资源其访问控制的权限集合表，用户想对某个资源进行操作前，计算机系统会根据这个表来查看用户是否有相应的权限。访问控制表不是随便一个用户都可以修改的，用户必须具有相应的授权，通常要求提供注册用户名和口令。

通关考验

上一章的答案是：1. D；2. D。你答对了吗？本章的考验又开始了，继续吧！

1. 下列关于访问控制的描述正确的是（　　）

　　A. 目的是保护重要资源

　　B. 文件的权限设置为拒绝写入，还是可以修改文件

　　C. 文件的权限设置为拒绝读取，还是可以打开文件

　　D. 完全控制不属于文件的权限

2. 下列不属于文件访问控制权限的是（　　）

　　A. 写入　　　　B. 读取　　　　C. 完全控制　　　　D. 修改文件名

18

安全审计——天网恢恢，疏而不漏

这天在信息技术课上，老师让同学们制作一份文档，安安不自觉地打开了网页游戏，刚准备愉快地玩游戏时，电脑就被锁定了。

安安一脸疑惑，看了看旁边的同学，他们的电脑并没有被锁定，于是举手，问道："老师，为什么我的电脑被锁定了啊？"

老师："安安同学，你刚刚是准备玩游戏吗？"

安安有些羞愧地点了点头，老师说道："机房里有安全审计设备，所以你在网上的一举一动，老师都可以在系统里看到，我这就给你解除锁定。上课要专心哦。"

"好的，老师，对不起，我不会再这么做了。安全审计设备是什么啊？这么厉害，竟然知道我在玩游戏。"安安的脸红得像熟透的苹果，小声地问道。

老师："要想知道这个问题的答案，我们首先要知道安全审计是什么。安全审计，简单地理解就是通过审查系统日志等手段，重现不法者的操作过程，从而达到追溯攻击源头和追究责任的目的。你还记得系统日志是怎么查看的吗？"

安安："记得，右键点击'我的电脑'，然后点击'管理'，再点击'事件查看器'就可以查看了。"

老师："不错，的确是这样。我们接着说安全审计，根据审查对象的不同，它可以分为数据库审计、终端审计和上网行为审计。还记得数据库是什么吗？"

安安："是专门存储和管理数据的软件。"

老师："答对啦，看来安安同学学习用心了。数据库里存放着各种敏感数据，一旦泄露，后果不堪设想，数据库审计也就应运而生了。2013年，腾讯QQ数据库发生了数据泄漏事件，导致用户的各种信息在网上都可以被'秒查'，好在最后得到了妥善处理。"

"老师，我的电脑怎么也被锁定了啊？"全全焦急地问道。

"我看看。"老师走到自己的电脑前，看了看安全审计系统，说："全全，你插U盘是想把作业保存下来吗？老师忘记更改设置了，现在改好啦，你可以用了。"

全全有些不可置信地瞪大了眼睛，说："老师，您还可以看到我们有没有用U盘吗？

好神奇啊！"

老师："是的，这就是老师刚刚说的终端审计，它的审计对象是一些设备的使用情况，比如你刚刚插上 U 盘就属于它的审计范围。而上网行为审计呢，主要针对的则是企业内部员工的上网行为，大家上网时的流量会经过一个安全审计设备，做了什么也就都被记录下来了。把安全审计设备放在我们的机房里，就可以看到同学们在用电脑干什么，所以安安一打开网页游戏，他的电脑就被锁定了。"

安安："原来如此，安全审计的作用好强大啊，如果我知道我在网上的一举一动会被记录下来，也就不会不自觉了。"

老师："哈哈！让有贼心的人不敢有贼胆，也是安全审计的一个作用，不过更为重要的是，它可以让那些贼心不死的人做了坏事以后得到应有的制裁。正所谓，天网恢恢，疏而不漏，伸手必被捉。"

安安："唔，网络世界看似自由，实际上有一双眼睛在时刻监控着大家的行为呢。上网不规范，亲人两行泪啊！"

老师："对呀，所以一定不可以发表违规言论哦，赶紧去完成作业吧。"

知识加油站

◎ 安全审计

在事后通过审查系统日志等方法重现不法者的操作过程，可用于提供不法人员其不法行为的证据，也可以用于分析目前安全防御系统中的漏洞。

◎ 数据库

存放数据的仓库，是专门用于存储和管理数据的软件。其存储空间很大，能将所有数据按照一定的规则存放，以方便用户查找。

◎ 系统日志

详细地记录系统中的软件、硬件和系统错误等信息，常用于检查错误发生的原因以及攻击溯源，可以通过事件查看器查看。

通关考验

上一章的答案是：1. A；2. D。你答对了吗？本章的考验又开始了，继续吧！

1. 上网行为审计主要针对的对象是（ ）

A. 企业内部员工　　　B. 部分黑客　　　C. 数据库　　　D. 运维设备

2. 以下说法不正确的是（ ）

A. 网络世界非常自由，可以发表任何言论

B. 互联网是有记忆的，不应该发表违规言论

C. 安全审计是在事后通过审查系统日志等方法重现不法者的操作过程

D. 系统日志可以通过事件查看器查看

在网上
筑一个安全的 窝

19

安全的窝窝

安安和全全在网络世界中的冒险至此就告一段落了，我们跟随着两位主人公，见证了他们在网络世界里的各种奇妙经历。让人不禁深思：网络失去防护，世界将会怎样？下图展示了一个无任何防护的网络世界。

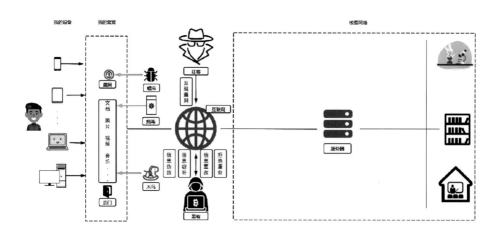

人们常说，苍蝇不叮无缝的蛋，安安和全全的经历却推翻了这句话。网络黑客无孔不入，他们利用信息伪造、信息窃听、信息篡改、拒绝服务和网络钓鱼等技术手段达到自己的目的。在没有防护的情况下，我们的各种数据像砧板上的鱼肉，任人宰割。这样的网络世界多么可怕啊！或许你只是在家里打开电脑看一部电影而已，远在千里之外的人便获取了你的电脑上的所有数据（如购物记录和家庭住址），甚至悄无声息地打开了电子设备上的摄像头在屏幕的另一端监视着你的一举一动，而电脑也开始出现死机，不停地打开各种窗口。对于校园网络而言，这样的损失就更大了。黑客可以很轻松地入侵校园网络，实验室、图书馆和多媒体教室都是他们的入侵对象。诸如各种实验数据、家长的联系方式和同学们的身份证号等敏感信息泄露，若被不法人员稍加利用，就可能是一颗不知道什么时候爆炸的炸弹。

对于我们普通人来说，可以通过打开个人防火墙、安装杀毒软件、完善身份认证和访问控制这四层防护措施来保护"我的窝窝"。及时关闭不用的端口并修复系统漏洞，不给网络上的坏蛋任何发起攻击的机会。一个安全的网络世界如下图所示。

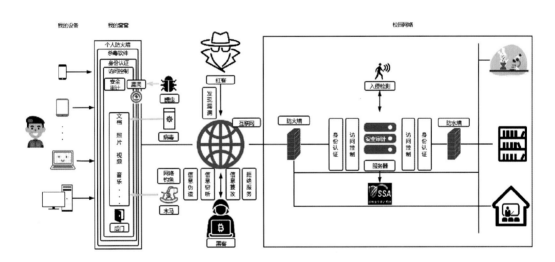

对于校园网络和企业内部网络等局域网，其包含的使用人员数量众多，数据体量庞大，需要外防侵入，内防泄露。图中的防水墙，与防火墙对抗外部侵入不同，它主要的作用是防止内部人员泄露机密数据。除了这两道"墙"以外，还需要进行身份认证、访问控制、入侵检测和安全审计等，迈过了这重重关卡最终才能到达彼岸，也就是我们校园网络中的各个服务器和终端设备。

当然，上述安全措施只是阻断了病毒、木马和蠕虫等坏家伙的传播途径，让它们没有办法感染我们的电脑。同时，大家要时刻提高警惕，不良网站不要随意地打开，来路不明的二维码不能扫描，下载软件时一定要走正规的渠道。更为重要的是，要守住自己的"嘴"，互联网看似自由，实则有看不见的手在记录着我们在网上的一言一行。因此，我们要增强网络安全意识，依法上网、文明上网、安全上网，提高网络安全技能水平，在网上筑起自己安全的'窝窝'，畅游网络世界，共享美好生活。

知识加油站

◉ 网络空间安全口诀

虚拟空间不安全，安全方法记心间，寄生文件难发现，病毒扩散靠交换；
街边乱扫二维码，引狼入室招木马，扫描漏洞觅良机，蠕虫传播靠自己；
病毒木马和蠕虫，查杀病毒最关键，不明电话别轻信，隐私信息要保密；
不明链接勿乱点，头脑清醒防钓鱼，苍蝇不叮无缝蛋，关闭后门堵漏洞；
拒绝服务最无赖，安全加固莫忘记，网上聊天很嗨皮，不露声色明身份；
敏感内容加密传，重要消息须认证，防火防水两道墙，保护系统和数据；
进入系统别得意，入侵查毒看看你，密码设置须规范，真假认证来辨识；
访问系统莫越权，访问控制核权限，做了坏事莫侥幸，安全审计能溯源。

通关考验

上一章的答案是：1. A；2. A。你答对了吗？恭喜你顺利通关，帮助安安获得了一个网安骑士勋章。

附 录

. dll（dynamic link library ）	动态库文件扩展名
. ini（initialization）	配置文件扩展名
. exe（executable）	可执行文件扩展名
access control	访问控制
ACL（access control lists）	访问控制表
ACTIVEX	插件程序
attacker	攻击者
authentication	身份认证
CCTV（closed circuit television）	闭路电视
computer virus	电脑病毒
content poisoning	内容投毒
DCOM RPC（distributed component object mode remote procedure call）	分布式组件对象模型远程调用
DDoS（distributed denial of service）	分布式拒绝服务
digital signature	数字签名
DNS（domain name system）	域名解析系统
DOS（disk operating system）	磁盘操作系统
DoS（denial of service）	拒绝服务攻击
E-mail	电子邮件
FBI（Federal Bureau of Investigation ）	联邦调查局
GPS（global positioning system）	全球卫星定位系统
hacker	黑客
honker	红客
HTTP（hyper text transfer protocol）	超文本传输协议
HTTPS（hyper text transfer protocol over secure socket layer ）	超文本传输安全协议

SSL（secure sockets layer）	安全套接字协议
IE（internet explorer）	浏览器
intrusion detection	入侵检测
IP（internet protocol）	互联网协议（一般指网络地址）
MAC（message authentication code）	消息认证码
Melissa virus	梅丽莎病毒
MITM（man-in-the-middle attack）	中间人攻击
MSN（microsoft service network）	微软公司的一款聊天软件
NSA（national security agency ）	美国国家安全局
QQ	腾讯公司的一款聊天软件
role-based access Control	基于角色的访问控制
RSA（Ron Rivest、Adi Shamir、Leonard Adlemann）	公开密钥密码体制是由罗纳德·李维斯特（Ron Rivest）、阿迪·萨莫尔（Adi Shamir）和伦纳德·阿德曼（Leonard Adleman）一起提出的。RSA 就是由他们三人姓氏首字母组成
SID（security identifiers）	安全服务标识
Sucuri	美国的一家安全公司
SYN flood（synchronize sequence numbers flood）	SYN 泛洪攻击
TCP（transmission control protocol）	传输控制协议
Web	全球广域网，也称为万维网
WeChat	微信，腾讯公司的一款聊天软件
Wi-Fi	无线网络热点
Win2000	微软公司的操作系统
Windows	微软公司的操作系统统称
Word	微软公司开发的文字处理办公软件